我的第一本科学漫画书

科学实验王

升级版

KEXUE SHIYAN WANG

9 天气与气候

TIANQI YU QIHOU

[韩] 小熊工作室/著
[韩] 弘钟贤/绘
徐月珠/译

二十一世纪出版社集团
21st Century Publishing Group

通过实验培养创新思考能力

少年儿童的科学教育是关系到民族兴衰的大事。教育家陶行知早就谈到："科学要从小教起。我们要造就一个科学的民族，必要在民族的嫩芽——儿童——上去加工培植。"但是现代科学教育因受升学和考试压力的影响，始终无法摆脱以死记硬背为主的架构，我们也因此在培养有创新思考能力的科学人才方面，收效不是很理想。

在这样的现实环境下，强调实验的科学漫画《科学实验王》的出现，对老师、家长和学生而言，是件令人高兴的事。

现在的科学教育强调"做科学"，注重科学实验，而科学教育也必须贴近孩子们的生活，才能培养孩子们对科学的兴趣，发展他们与生俱来的探索未知世界的好奇心。《科学实验王》这套书正是符合了现代科学教育理念的。它不仅以孩子们喜闻乐见的漫画形式向他们传递了一般科学常识，更通过实验比赛和借此成长的主角间有趣的故事情节，让孩子们在快乐中接触平时看似艰深的科学领域，进而享受其中的乐趣，乐于用科学知识解释现象，解决问题。实验用到的器材多来自孩子们的日常生活，便于操作，例如水煮蛋、生鸡蛋、签字笔、绳子等；实验内容也涵盖了日常生活中经常应用的科学常识，为中学相关内容的学习打下基础。

回想我自己的少年儿童时代，跟现在是很不一样的。我到了初中二年级才接触到物理知识，初中三年级才上化学课。真羡慕现在的孩子们，这套“科学漫画书”使他们更早地接触到科学知识，体验到动手实验的乐趣。希望孩子们能在《科学实验王》的轻松阅读中爱上科学实验，培养创新思考能力。

北京四中 物理教研组组长 物理高级教师 厉璀琳

作者序

伟大发明大都来自科学实验！

所谓实验，是为了检验某种科学理论或假设而进行某种操作或进行某种活动，多指在特定条件下，通过某种操作使实验对象产生变化，观察现象，并分析其变化原因。许多科学家利用实验学习各种理论，或是将自己的假设加以证实。因此实验也常常衍生出伟大的发现和发明。

人们曾认为炼金术可以利用石头或铁等制作黄金。以发现“万有引力定律”闻名的艾萨克·牛顿（Isaac Newton）不仅是一位物理学家，也是一位炼金术士；而据说出现于“哈利·波特”系列中的尼可·勒梅（Nicholas Flamel），也是以历史上实际存在的炼金术士为原型。虽然炼金术最终还是宣告失败，但在此过程中经过无数挑战和失败所累积的知识，却进而催生了一门新的学问——化学。无论是想要验证、挑战还是推翻科学理论，都必须从实验着手。

主角范小宇是个虽然对读书和科学毫无兴趣，但在日常生活中却能不知不觉灵活运用科学理论的顽皮小学生。学校自从开设了实验社之后，便开始经历一连串的意外事件。对科学实验毫无所知的他能否克服重重困难，真正体会到科学实验的真谛，与实验社的其他成员一起，带领黎明小学实验社赢得全国大赛呢？请大家一起来体会动手做实验的乐趣吧！

目录

贺！黎明小学晋级全国实验大赛！

人物介绍

范小宇

所属单位：黎明小学实验社

观察内容：

· 以在实验社积累的科学知识为基础，梦想未来能够成为一名百万富翁。

· 终于领悟到与其和艾力克争执不休、不懂装懂，不如勇于向他承认自己的无知。

· 虽然在全国大赛中与同学们共同陷入危机，但始终临危不乱。

观察结果：通过尝试与日常生活有关的各类实验，在不知不觉中积累丰富的科学知识与实验能力。

江士元

所属单位：黎明小学实验社

观察内容：

· 懂得如何凭着丰富的科学知识预测天气，遇到突如其来的阵雨也临危不乱。

· 即使具备优异的实力，也依旧以兢兢业业的态度做好全方位的准备，以便迎战全国大赛的其他劲敌。

· 当黎明小学面临被撤销参赛资格的危机时，对于自己与实验社的名誉受辱而感到愤怒。

观察结果：从用尽各种方法立志解决问题的小宇身上，不知不觉中获得许多实验的灵感。

罗心怡

所属单位：黎明小学实验社

观察内容：

· 在上学途中遇到一场雷阵雨时，及时得到士元的帮忙，因而感到无比幸福。

· 欣然接受瑞娜亲自送来的全国大赛参赛贺礼。

· 比任何人都更努力地准备全国大赛第一场比赛，却意外卷入突发事件中。

观察结果：总是会站在他人的立场去思考并体谅他人，却也因此让黎明小学陷入危机。

何聪明

所属单位：黎明小学实验社

观察内容：

- 为了这辈子的第一封告白信，把自己的资讯和金钱拱手让给朋友裴宥莉。
- 在第一场对决前，彻底调查全国大赛和参赛队伍的所有情报。

观察结果：陷入危机时，客观地判断情况，并试着解决问题，不愧是资讯搜集和汇总的达人。

艾力克

所属单位：科学实验补习班

观察内容：

- 内心渴望柯有学老师能够和自己一起回英国。
- 虽然无法忘记老师离开自己时传授的最后一堂课，但始终无法理解其真正含义。
- 决定加入晋级全国大赛的他校实验社。

观察结果：虽然嘴上说要离开柯有学老师去寻找自己的路，但想要成为老师唯一得意门生的心意却未曾改变。

郑安迪

所属单位：大海小学实验社

观察内容：

- 代表大海小学实验社连续3届参加全国大赛的王牌，拥有绝佳的实验执行力与社交能力。
- 即使在实验失败的情况下，依然能够保持镇定，同时懂得尽最大的努力试着去解决问题。

观察结果：对于在全国实验大赛中无法与黎明小学比出胜负而感到遗憾。

其他登场人物

❶ 始终如一地信任并鼓励学生的黎明小学实验社指导老师——柯有学。

❷ 非常喜欢实验社的小宇，但对实验术语和科学常识一窍不通的跆拳道少女林小倩。

❸ 因何聪明而深受感动的跆拳道社社长。

❹ 全国大赛举行在即，却突然送心怡一个道歉礼的江瑞娜。

疯狂甩卖
雨伞20元

第一部 突然的阵雨

您放心，我会
听老爸的吩咐
回德国的。
不过您得答应
我一件事。
是有关这次全国实验
大赛的事情。
好的，爸爸。

咀嚼
咀嚼
好吃吗？多吃一点。
下星期就要参加全国大赛了，我看得出来同学们都非常紧张。你要记得为我们加油哟。
咀嚼
咀嚼
哇啊，谢谢你！
你真是一只有灵性的兔子，我真的很开心把你带回来！

啊，对了！

嗒嗒嗒
好险。

呼
还好附近有一个百叶箱可以让我躲雨。

啊，竟然有人知道今天会下雨。
哗啦啦

吃惊

士……
起身
啊！
撞
倒地
……
哗啦啦啦
你在那里
做什么？
我正在躲雨
……
我的天啊！
好糗啊！

你要一起吗？

开心!!
点头
真……真的吗？
你是说真的吗？

啊啊，
我竟然和士元一起
撑着伞……希望这
不是一场梦！
可恶！她竟然和
士元一起撑伞！
哼！

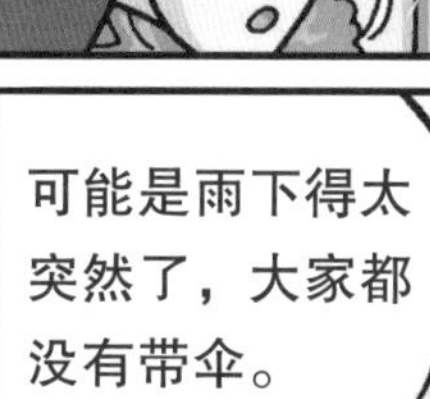

呃……
哗啦
嗒嗒嗒

别担心，
这只是一场阵雨，
很快就会停了。

可能是雨下得太
突然了，大家都
没有带伞。
这样一直淋雨，
他们一定会感冒
的……
真希望这只是
一场阵雨。

是阵雨没有错，
你看看那些云。
云?
嘟噜噜噜
哗啦啦啦

对，看云的形态就可以知道了。
若呈暗灰色又几乎覆盖整个天空，会使天空长时间降雨的低云，
称为雨层云。
雨层云（低云）

啊！但现在的云并没有覆盖整个天空，而是呈垂直耸立的形状。

积雨云（直展云）
哗啦啦啦
所以那是积雨云，底层离地面较近、颜色暗黑，但在垂直方向却伸展极高，属于直展云。
当积雨云出现时，阵雨即将发生。

就如你说的，云的确是借着上升气流而生成的，但除了太阳热能外，云也会受到地形、气压、湿度及空气流动的影响。

云的各种生成原因

空气沿着山坡攀升时。（山）

地面或海面的空气受热而攀升时。（云、海）

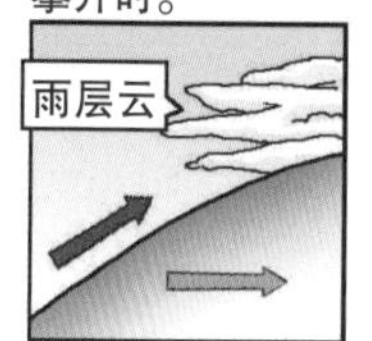

当冷空气推挤热空气而使热空气攀升时。

雨层云

当热空气沿着冷空气往上攀升时。

随着各种气象条件不同，云的形状也会随之改变，

所以仔细观察云的形状，我们便能够预测未来几天的天气状况。

举例来说，当天空飘着积云或卷积云减少时，接下来的一天便会天气晴朗。

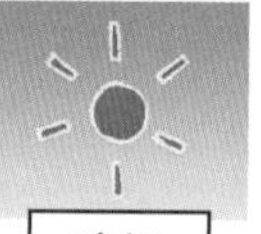

积云 卷积云 → 晴朗

卷云量减少，隔天多为晴天。

当天空飘着卷层云或卷云增加时，几天内降雨的概率便会很高。

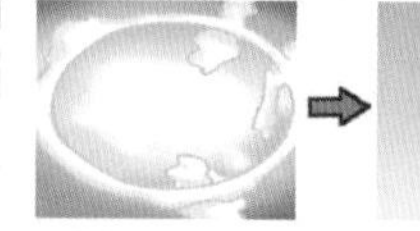
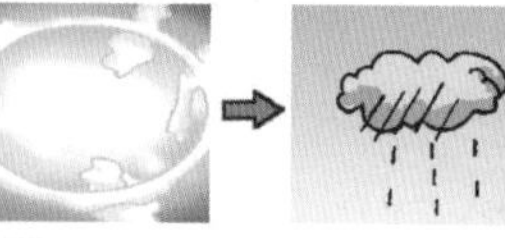

卷云 卷层云 → 降雨

卷积云量增加，隔天会下雨。

冒出
什么，你们两个竟然一起撑伞啊？
啊！
惊吓

小宇！我们只是……是……我没有带雨伞出门。
……
我们是途中偶遇的，而士元他好意……
我……我们？
发抖
气得
你有没有搞错？
雨下得这么大，怎么可以两个人撑一把伞呢？
只要20元

如果不想淋雨，就得一人撑一把雨伞嘛！
只要20元！不，因为是你，只要15元就好。
我比较喜欢一起撑伞呢……
递
只要20元

是嫌15元太贵吗？
那帮你打个折！
喂，你那些雨伞是要卖的吗？
气呼呼

当然啰！一把只要20元哟！
变脸！

我也要！
嘿嘿嘿嘿
来来来，你们这群没有雨伞又可怜的同学！要买就排队哟！
20元
赶快给我！
我也要！

剩下最后一把啰！
给我，给我！
卖给我！

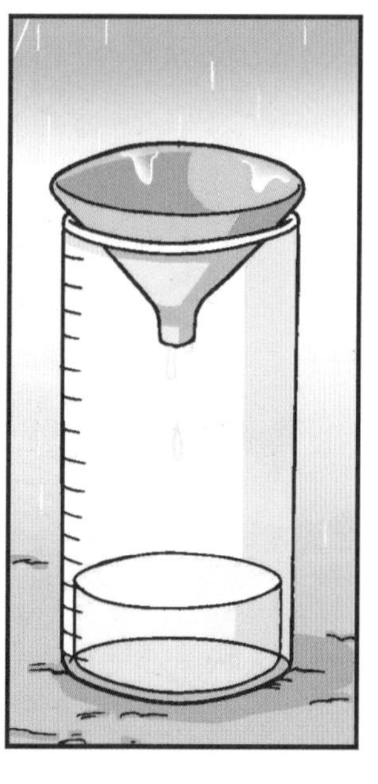

售完
沙

哇哈哈！
我超喜欢下雨天，
真是好赚啊！
哇哈哈哈
叮当
作响
售完

你是怎么办到的？
难道你也早就知道
今天会下雨吗？
你也是观察云
得知的吗？

啊？云？

我呀，从来就
不靠天空的云
来预测天气！
我只相信最有科
学根据的资讯。
得意
售完

就是隔壁奶奶的
关节痛！
每天早上打扫家门口的隔壁奶奶，
总是会在下雨前感到膝盖疼痛。
依我观察多年的
经验来判断，准确率高
达99%！你们说，这是
不是最有科学根据
的资讯啊？
该不会要下
雨了吧？膝
盖又开始刺
痛了呢！
隐隐作痛
售完
晕倒……

所以啰，会不会下雨，你相信我就对了……
哇哈哈
咚
哎呀！差一点就完蛋了呢！
东倒
西歪
那是用来接雨水的吗？

嗯……
嗯！打工之余，我想测量一下降雨量，也想试着进行雨水成分检测的实验。

成分检测实验？

对啊，我在烧自来水的过程中想到的。不是有很多人买矿泉水来喝吗？
所以呢？
哗啦啦啦

你想想看，
无论是矿泉水、自来水
还是山泉水，所有水的
来源皆为雨水。
点头
地球表面的
水受太阳热能的影响，
以水蒸气状态升空后，
遇到低温便会
成为小水滴，
进而形成云，
云中的水滴
汇集到一定的程度时，
便会变成雨降下来！
云
雨
山
湖泊
水蒸气
江
大海
之后，落在地面上的
雨水汇集后便会流入江河或大海，
接着再度经过蒸发或通过植物
的蒸发作用进行循环。
你不要
插嘴啦！
请你讲重点。
你是想了解雨水中
是否有与矿泉水或自来水
不同的成分，是吧？
嗯！

就像可以用磁铁分离
掺杂在砂石中的铁粉，
磁铁
砂石
铁粉
异物
雨水
营养成分
兴奋
兴奋
售完
假如在可以免费取得的雨水中，
能够萃取对人体有益的各种
营养成分……

钱从天降
光靠卖雨
水，我就可
以变成百万
富翁了！

不要再做梦了，在我们
实验室可以做的成分检
测实验是有限的。
就算让你美梦成真，
说不定那时候的
你已经是白发苍
苍的老爷爷了。
神奇的雨水
……！

发飙
你这是在
诅咒我啊？
恼羞成怒！
你很奇怪啊！
你就是见不得别人
比你聪明，是吧？

我觉得你的主意不错啊，说不定会有新的发现呢！
没……没错！
咬牙切齿

士元。
刹车

咔嗞
停顿

你要用吗？

你这是……在关心我吗？
幸福

反正我也不需要了。

啊啊……
紧张
紧张
紧张

拦
截

这种高级雨伞万一搞
丢了会很麻烦的!
售完
递

心怡，
你就用我这把雨伞吧，
就当我免费送给你。
售完

随便你啰！

我要你的！

小宇，我怕你把雨伞送给我，
你自己就会淋雨了嘛！
啊……
言……
言之有理！
哈哈
噗噜噜噜
小宇，我先走啰！
售完
没错……心怡她……
更喜欢士元的伞……
我又何必多管闲事
呢……

哗啦啦啦
范小宇，你的
雨伞卖完了吗？

不，你真是个幸运儿，
刚好剩下最后一把。
递
这样好吗？
那你不就没有雨
伞可以撑了吗？

淋一点小
雨……没
关系啦！

哗啦啦啦

实验　制作湿度计

湿度是指空气中水蒸气的含量，液态或固态的水不算在湿度中。“绝对湿度”指单位体积的空气中含有水蒸气的质量，单位是“克每立方米”。绝对湿度的最大限度是饱和状态下的“最高湿度”。“相对湿度”是绝对湿度与最高湿度的比，用百分比（%）来表示，数值越大表示空气中水蒸气含量越多。

举个例子，假如现在的湿度是100%，则表示空气中的水蒸气含量达到最高湿度，而在此状态下，水蒸气会凝结成小水滴或凝华成小冰晶。空气中的最大水蒸气含量会随着温度的高低而有所改变。为了让大家更容易了解，我们就来试着制作湿度计吧！

$$\text{相对湿度（\%）} = \frac{\text{绝对湿度}}{\text{最高湿度}} \times 100\%$$

准备物品：玻璃纸、纸板（硬纸板或木板）、尺（15厘米以上）、透明胶带、回形针、大头钉、1元硬币1枚、1角硬币1枚、细绳与缝衣针、喷雾器

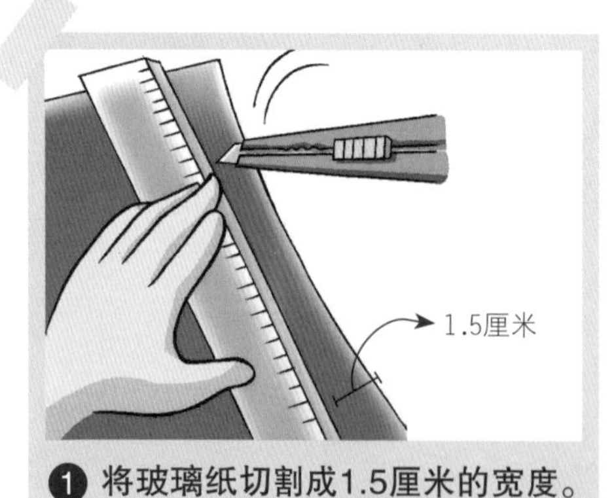

❶ 将玻璃纸切割成1.5厘米的宽度。

❷ 将1元硬币与1角硬币用细绳捆绑，再用透明胶带固定。

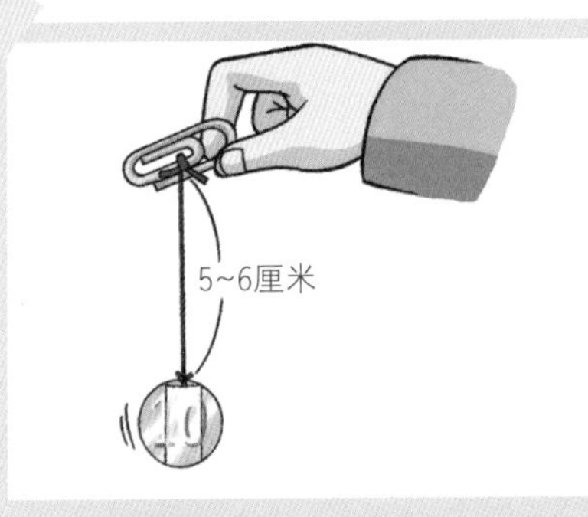

❸ 将捆绑硬币的细绳以间隔5~6厘米的长度吊挂在回形针上。

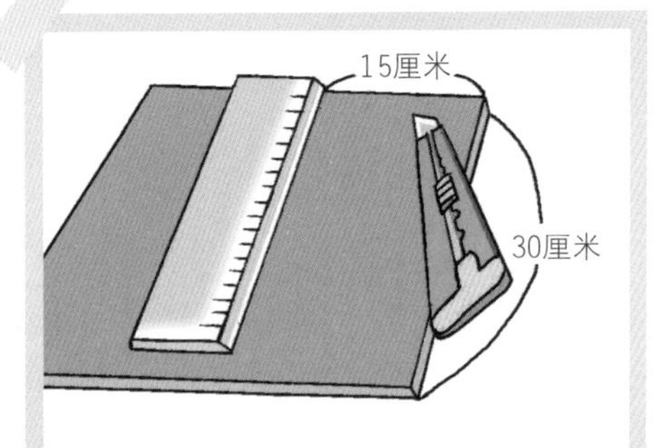

❹ 将纸板切割成宽15厘米、长30厘米的大小。

❺ 利用尺在纸板的左侧画上刻度，并在刻度上粘贴透明胶带，以免遇水字迹模糊。

❻ 将切割成宽1.5厘米的玻璃纸对折，再将吊挂硬币的回形针置于折叠处。

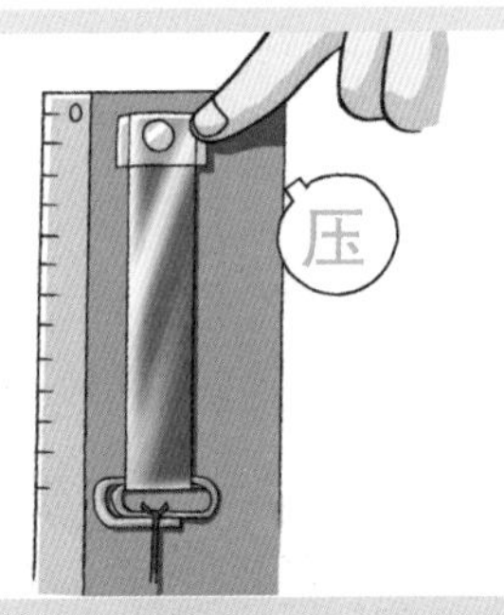

❼ 将玻璃纸的末端固定于纸板刻度的起始点，并用大头钉与透明胶带固定。

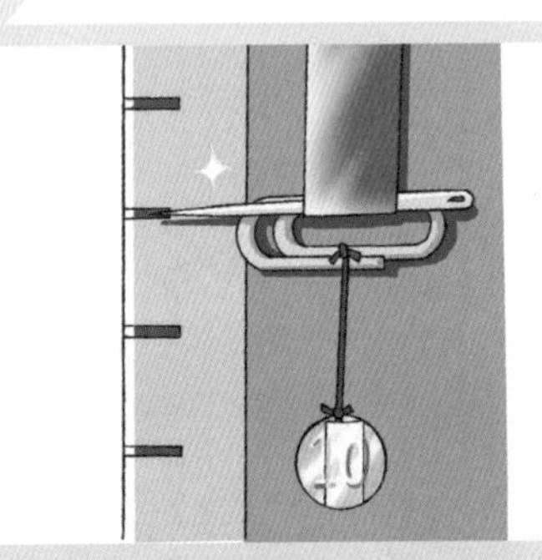

❽ 在插入玻璃纸的回形针上加装缝衣针，以指示刻度。

❾ 在玻璃纸周围用喷雾器喷水使湿度上升时，会发现玻璃纸往下垂，使缝衣针的位置产生变化。

这是什么原理呢？

玻璃纸的特性是对空气中的水蒸气含量非常敏感。当湿度上升时，它会因吸收空气中的水分而增长；相反，当湿度降低时，它则会因失去水分而缩短。而湿度计就是利用对湿度敏感的物质制成的，例如用人的头发制成的毛发湿度计，就是其中之一。头发在湿度从0%上升至100%时，长度会增长2.5%，因此通过头发的增长程度，我们便可以得知湿度。

除此之外，还有利用水的蒸发获知正确湿度的干湿球湿度计、随着时间可自动记录湿度变化的自记式湿度计、通过测量水蒸气的凝结温度可以取得湿度值的冷凝式露点湿度计，以及利用吸水性化学物质的吸附式湿度计等。

第二部 艾力克的决心

嚓……
呼呼……
实验室
那个……
咔啦
咚

打嗝
现在就开始吧！在哪里呢……
翻阅
啊，找到了！
首先将雨水用滤纸过滤……
滤纸
漏斗
烧杯
接着将覆盖了滤纸的漏斗放入烧杯内，
之后将雨水……
碰触

阿，
阿……
阿……
嚏！
推

倒
不要啊，
我的雨水！
啊！
哗
啦
啦

我的
老天爷！
哼
怎么会
这么不小
心呢？

重力……？
石化
是谁敢在
这里幸灾
乐祸？
重力这种东
西我也懂，
好吗？
可怜哟！如果懂得
运用重力，就不会发生
这种结果了……

少在那里装蒜！你在家里就可以见到他啦！你来这里的目的明明就是为了要见心怡！

喂，
老师去了洗手间，
要不要等随便你。
哼
是吗？

哼……
看来我又有
的等了啊！

那你就乖乖地
坐着等他回来！
记住，千万不要
吵我。
拖拖拖
哦，
谢谢你！

拉
啊！
砰咚

啊
哈
哈
哈
敲
敲
敲
你如果懂得运用重力，
就不会跌下去啦！
还说什么懂得运
用重力就不会把
水洒在地上！
可恶
……
尴尬

原来打算要
教你一个很
简单的实验，
我看还是算
了……
没错，
在把水杯倒立的情
况下，只用一张纸
就可以防止水流出
的实验。
把水杯
倒立？
简单的实验？
哈啊
哈啊
拍
拍
等等，看来你
根本就搞不懂
我跟你讲的这个
实验，是吧？
心
虚

啊啊，
你是说
那个实验
啊？我当
然懂！
锵
啊哈哈哈，我刚才是
跟你开玩笑的嘛！
缓步
前进

是吗？
放
吃惊
刚好这里有
一些道具，你就让
我见识一下吧！
啊？
水杯和纸！
搔头 搔头
这下我该
怎么办呢？
他这分明
是要让我
出丑啰？
难道是把纸
揉成一团，然后
塞进杯口里？
还是把纸放在地
上，然后把水杯
倒着放？
啊！我好像
在哪里看过
……
你怎么突然冒起冷汗了？
拿起
递

呼……
不知所措
这真的可行吗?
哗啦
倒着放，
里面的水必定
会流出……
盖
这下我真的是
糗大了……

好，
先试了再说吧！
压住

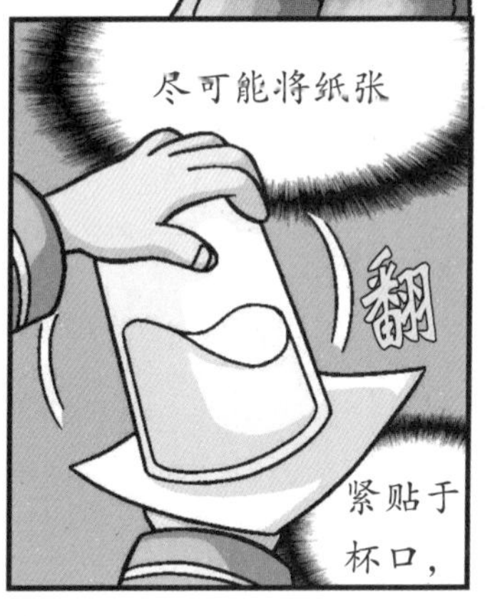
尽可能将纸张
翻
紧贴于
杯口，

把手放开……
放手

拜托！
紧张！

我……
我的天啊！
我成功了！

拜托……
呼……

看到没？
看到没？
这是连幼儿园的
小朋友都会的实验，
好吗？
哈哈
不过我相信幼儿园
小朋友是无法解
释其原理的。小宇，
你来解释一下吧！

我……
我现在很忙……
转身
……

你知道心怡她……
竖耳！

最大的优点就是
不耻下问吗？
我认为这比爱面子
更重要。
啊？

气得
发抖
你这是在
拐弯抹角
地挖苦我
吗……

除非……
你有办法说明！
摩拳
擦掌

虽然我非常不欣赏
你现在的态度，但就当作日行
一善吧，听好了。
我才不在乎你
的态度咧！
闷气

地球上的所有物体都会
受到地球的吸引，这种由于
地球的吸引而使物体所受
的力叫作重力。
哼
伸
这我也知道！

会受到重力影响的物体，其中也包括空气。
空气……也包括在内？
你是指这个空气吗？
挥 挥

空气受到重力时，便会产生大气压。
所谓大气压是大气的重量所产生的压力，而我们人体在四面八方所受的压力均维持在约1个大气压。
大气压
气压
气压
由于人体能够适应这种大气压，所以平时并不会感受到空气的重量，但是在没有重力的外太空，则需要穿上太空服。

你的意思是，因为外太空并没有这种压力，
而已适应大气压的人体，在外太空可能会产生某种程度的变化啰？
失压胀破

没错，水杯里的水之所以不会流出，是因为大气压作用在纸上的向上力超过玻璃杯内水和纸的重量所致。
就是因为空气由下往上压着纸张

也就是说，空气紧紧压着所有物体啰！
以1个大气压的力道。
挤压
挤压

这个实验会让你更加明白。
啊!
喂！那是我要留着喝的！

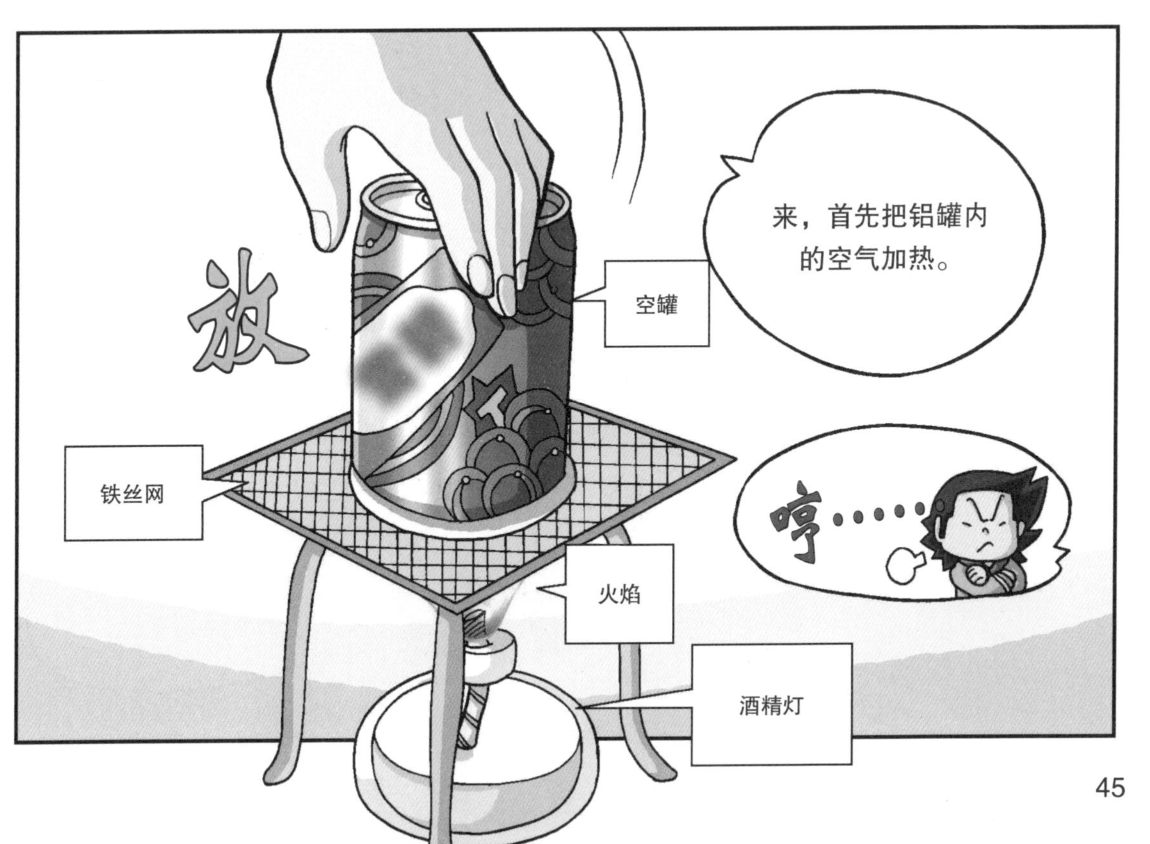
放
来，首先把铝罐内的空气加热。
空罐
铁丝网
哼……
火焰
酒精灯

当空气
温度因受热而上
升时，其体积便
会开始膨胀。
我想现在铝罐内
的空气正通过铝
罐口往外泄。
空气
戴

空气的体积会随着
温度上升而膨胀?
加热
加热

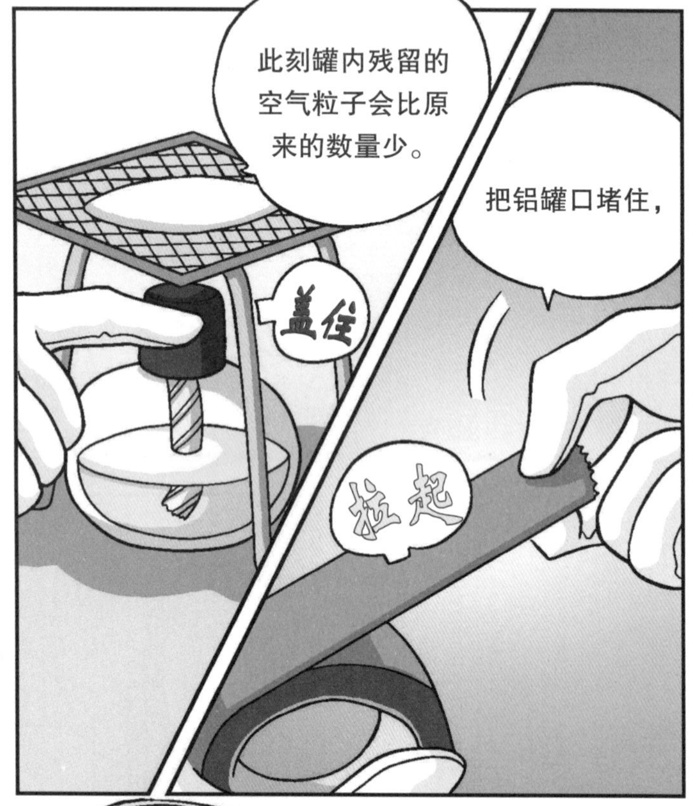
此刻罐内残留的
空气粒子会比原
来的数量少。
盖住
把铝罐口堵住，
拉起

以防止铝罐外的
空气流回罐内。
虽然目前铝罐内外
的气压相等了，
夹起……

铝罐内的
空气降温后，会发生
什么情形呢？

这个嘛
……

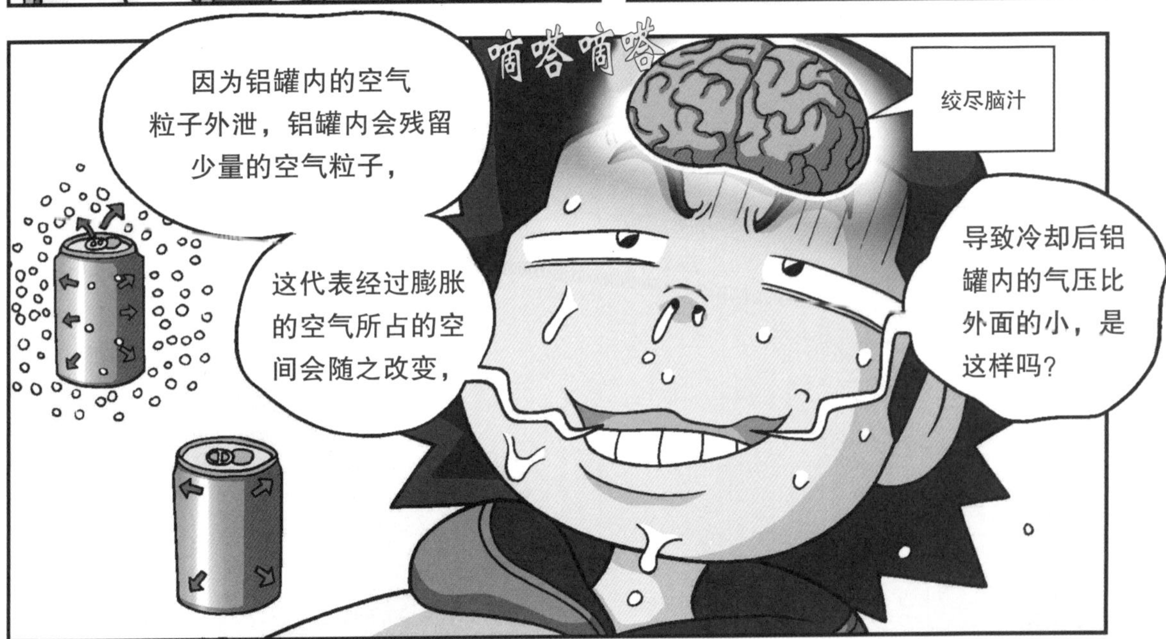
嘀嗒嘀嗒
绞尽脑汁
因为铝罐内的空气
粒子外泄，铝罐内会残留
少量的空气粒子，
这代表经过膨胀
的空气所占的空
间会随之改变，
导致冷却后铝
罐内的气压比
外面的小，是
这样吗？

没错。所以铝罐内的
空气便会呈现压力低于1个
大气压的状态，也就是会
变成低气压状态。
低气压？

灵光一闪
呃！
有声音！

铝罐开始变形了！
没错。铝罐之所以会变形，是因为罐内原本处于高温的空气降温时，气压也跟着下降，导致气压相对较高的外部空气向内挤压。
咔咔
低气压
高气压
简单来说，空气是由气压高处往低处移动，而风就是空气在移动时生成的。
台风
龙卷风
哗啊啊啊
热乎乎
当气压差很大的时候，像台风或龙卷风之类的强风就会形成。
照你这么说，信风或冬季风也是因为气压差而形成的啰？
咔啦
啊，好烫！
没错，所有的风……

老师！
呼呜
他该不会讲到一半就要走人了吧？
嗯，是你啊！
你最近好像每天都早出晚归哟，你怎么会来这里？
你是专程来找我的吗？
嗯。
点头
老师，你应该很清楚我会来这里的真正原因吧？
就是为了要找回我的老师。
你就跟我一起回英国吧？

慢……慢着！你这是什么话？你凭什么要求柯有学老师跟你一起回去？
发飙
或许你在这里也可以找到教学的乐趣，
但只要你愿意跟我一起回去，你就有机会成为全世界最优秀的指导者了。
……
所以……你就跟我一起回去吧！
艾力克，你还记得当初我离开英国时跟你讲过的那句话吗？
你为何要离开？我到底做错了什么？
没有，艾力克。我只是想找一个需要我的地方落脚罢了。至于你，已经不再需要我了。
现在需要我的，是另外一群小朋友。

……
好，我早就料到会是这个结果。
所以我已经答应了。
嗯？
我受到某人的邀请。
？！
他希望我能加入这次晋级全国实验大赛的实验社。
吃惊
你是指其他学校吗？
啊？
那……
那……
从此以后，你就成了我们的对手？
何止如此……

不仅是你们，这也是我和老师之间的对决。
因为我也将会兼任那所学校的实验指导老师一职。
什么……指导老师？
所以，我决定明天就搬离老师家。
原因是那里位于不同学区，况且我也不想和对手住在一起。
艾力克……
别担心。
我也只不过是想要去寻找一个需要我的地方罢了。
老师，假如我打败了你，你就会明白一件事情，就是你让自己浪费了多少宝贵的时光……
呼
到时候……
正所谓青出于蓝嘛！
好吧！

好吧！
拍
既然你心意已决，
我们就在全国大赛堂堂正正地较量一下吧！

我们的胜率是你们的一百倍，实在对你们太不公平了！
噗……
呃
你也太不自量力了吧？
好！有你的！
从此以后我们就将帅不能相见！
怕你啊！
你要加油哟，
艾力克……
哼！走着瞧吧！

坐立不安
你来啦！

你等很久了吧？今天的校刊会议开得有点久。
你找我有什么事吗？

啊！这……这个嘛……
惊慌失措

这……这个！
请过目！这是我第一次写的告白信。
惊吓

吃惊
你这是在干吗？为什么要拿给我？

请你不要误会，这封信是要送给我觉得很棒的人的。
在那之前，我希望你帮我看看写得好不好！

原……原来如此，吓我一跳……
这就是你急着要见我的原因吗？
呼
点头
点头

好，我以专家的身份
帮你看一下好了。
我可以吃
关东煮吗？
当然可以！
你尽管吃！

阅读

哼……
嗯……？

呃……！
嗯？
呃？
怎么？？

真是令人感动！
这是我看过的最棒
的一封告白信！
啊
完美地表达出
你的心意和诚
意！我觉得真
的很棒！
真的？

太好了！你这
番话给了我莫
大的信心。
谢谢你，
宥莉！
你太客
气了。

你还有一件事
得感谢我呢！
取出

锵！
就是全国实验大赛
的比赛进行方式！
你应该没有这
方面的信息吧？
秘密笔记
哦!!
看来我今天
真的是走运
了呢！
我可以再吃吗？
举高
当……
当然！
拿
研究人员
老师
全国大赛的比赛主题由科学实验研究
人员与教育界相关人士来设定。
一般是在大会
开始的一个月前定案，
并且严格保守秘密，
以免机密外泄。
写！
写！
写写
写写

比赛的进行方式是由四所学校分成两组，分别在每天上午和下午各进行一场比赛。
比赛场地是体育馆或礼堂之类的开放式空间，以供观众到场观摩。
公开的比赛？
所以没有比赛的那一天，你们也可以到场观摩其他学校的比赛。同样，其他学校的比赛队伍也可以观摩你们的比赛内容。
此外，也会有来自全国各地的教育界人士到场观赛，他们的目的是发掘特定项目的优秀人才。
真的……全国大赛的氛围果然不同凡响。
还有一件更令人兴奋的事情。

届时，现场也会聚集一群来自全国各地的采访记者！
幸运的话，就可以见到我所仰慕的记者呢！
裴宥莉，你该不会……

去过全国实验大赛的现场吧？
废话。

你忘了我是太阳小学广播社的成员吗？我们学校的实验社可是万众瞩目的焦点呢！
还有啊，我也可以邀请任何人到场参观，到时候就邀请你的……
抽

脸红
不，不行！
如果小倩真的到场参观，会让我无法专注于实验的！

哦……
停顿!!
天啊!
写写写
哇，原来黎明小学实验社何聪明仰慕的人就叫“小倩”啊……

我的天啊！竟然被你给套出来了！
懊恼不已
我问你，那个女孩该不会……
就是全国跆拳道冠军林小倩吧？
闪亮
嚓
巴巴结结
不，不是！真的不是！
心虚
转
哦呼！果然没错！
无奈
写写
又上当了……

到时候我会到场采访你们学校的，后会有期。
你绝对不可以告诉别人哟！
你该担心的人是那位老板，好不好？你可不要低估了老板的八卦功力哟！
吃惊

！！
虎视眈眈
！

?!
看什么看？
还不赶快付钱！
嚓
吓
她……她到底吃了
多少支啊？
呜呜
你这个无情无义
的吸血鬼……
裴宥莉！你等着瞧，
君子报仇，十年不晚。
又有八卦
可以聊了……
改天见！
空荡

改变世界的科学家——张衡

东汉科学家张衡（公元78年—139年），南阳西鄂（今河南省南阳市石桥镇）人，在东汉时期同时有好几种身份，包括天文学家、数学家、发明家、地理学家、制图学家、诗人、太史令等等。（太史令相当于现在的中央气象局或天文台的负责人。）

张衡在机械制作上也有不凡的成就，以下就是史书上记载的张衡制作的广为人知的三种仪器：

浑天仪 张衡主张的“浑天说”指出，天好像一个鸡蛋壳，地好比鸡蛋黄，天大地小，天地各乘气而立，载水而浮。“浑天仪”就是根据“浑天说”制作出来的铜制仪器，里面有几层圆圈可以转动，这几层圆圈上面刻着日、月和各种星辰。这个大铜球运用水的力量慢慢转动，转动一周的时间跟地球自转一周的时间一样。从浑天仪上可以看出日月星辰是怎样运动的。

候风仪 张衡发明的候风仪又称为“相风铜乌”，可以测定风向、风速，是风向标和风速表的雏形。候风仪的外形是一只可以转动的铜乌，在空旷的地上立一根五丈长的竿子，装上这只铜乌，便可以根据铜乌转动的方向来辨别风向。候风仪除了测风向，还可以测量风速的快慢。

地动仪 根据记载：地动仪直径八尺，样子像个酒坛，外壁上倒挂着八条龙。八条龙的龙头分别朝着东、西、南、北、东南、西南、西北、东北。哪个方向发生地震，那个方向的龙嘴里的铜珠就震落下来，正好落在正对着的蟾蜍嘴里。

博士的实验室1

遇到烟雾或沙尘暴时应如何应对

由于烟雾或沙尘暴中掺杂着大气中的许多污染物质，可能会对人体造成伤害。

烟雾

沙尘暴

烟雾（Smog），是烟（Smoke）和雾(Fog)两字的合并，代表大都市所排放的烟和雾所混合成的空气污染现象。

而所谓的沙尘暴，是指以蒙古地区为起点所掀起的，经过中国大陆，带着污染物质飘来的风沙。

此类大气污染情况可从气象预报中得知，所以当气象局发布烟雾或沙尘暴警报时，我们应尽量避免外出。

必须外出时，一定要戴上口罩。从户外回到室内时，要用清水将身体冲洗干净。

由于烟雾会伤害眼、鼻、喉咙和肺，所以要多喝水，来稀释污染物质。

第三部

最后一堂实验课

好！
再拍一张！
贺！黎明小学晋级全国实验大赛！
咔嚓
很好！
咔嚓
咔嚓
英
挺
好，
帅呆了！

来，下一位！
校长，我还有很多姿势没有摆出来啊！
你就帮我多拍几张嘛！
光是你的个人照就已经拍30多张了！
来来来，下一个换士元。
布告栏
推
这可是提升本校知名度的最佳机会！
哇哈哈！
全国实验大赛明天就要揭开序幕了！
木讷
咔嚓
咔嚓
咔嚓
哇
哇
只要这次好好表现，本校就有机会可以重拾往日的风采了！

一闪
这可是
打广告的最
佳时机！
如果在第一场输了，
再多的广告也就没用
了。你还是别期待
太高了。
吓?!

你竟然讲这种
不吉利的话！
立刻向大
家道歉！
勒
住

我想聪明
是在担心比赛
方式！
来自16个县市的32支队伍
在晋级四强前，只要输一场比赛
就会被淘汰。
贺！黎明

这一点我很清楚，
但这不表示
我们在第一轮就
会败北啊！再说
我们连对手是谁
都还不清楚
……
我们的第
一轮对
手是大
海小学！
翻

连续3年晋
级全国实
验比赛！
最佳成绩
是16强，
实验社的
王牌是，

郑安迪！
郑……安迪?

没错，他可以比喻为大海小学的江士元。不过……
与士元的不同之处……
轻声细语
就是他的个性比较好。
听说他的社交能力很强，而且也很懂得巴结监考官哟！
轻声细语
至于实际人格我就……

他的确如此。
我在精英院遇见过他。
惊吓
来，这次换柯有学老师！

所以，那又怎样？实验不是靠个性来完成的。

话是这么说没错。
对！对！
嘿嘿
紧张
紧张
言之有理。

这次参赛的队伍中，没有一支队伍是我们该轻视的。
无论是在初赛还是决赛，我们终究得正面迎战。
其中当然也包括……加入他校实验社的艾力克。
嗯……
也就是说，我们的比赛对手，
并非其中一支队伍，而是参赛的所有队伍！
风云变色

呼呼呼……
起风了呢……

像这样把手举高，就可以感受风的方向和强度。
呼呼呼

甚至也可以感受到太阳的力量哟！
太阳？
啊，这个故事我也听过呢！
挥来挥去

风
太阳
有一天风和太阳打赌，看谁能够让流浪汉脱掉他的外套。

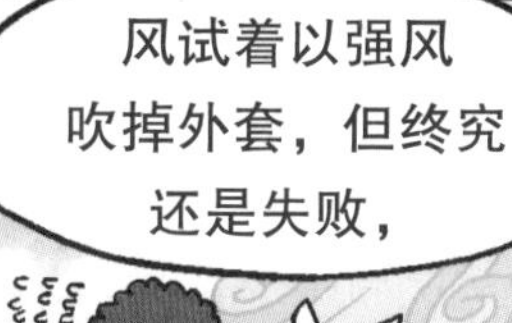

风试着以强风吹掉外套，但终究还是失败，
而太阳则用高温照射，让流浪汉自己脱掉外套。
好热
好热

结果是太阳赢得胜利。
我可是第一次听到呢！
对，这则童话我也听过。

哈哈
风之所以会输给太阳，我想或许是因为它是通过太阳生成的吧！
高气压
低气压
咦？风不是通过气压差产生的吗？

你讲的气压差就是通过太阳热能产生的。
啊？

太阳……热能？
点头
没错，使铝罐内呈现低气压的，
就是热能！那是因为空气受热膨胀后流出铝罐所致。
当空气接收太阳热能而升温时，热空气便会往上攀升，空出来的空间则由冷空气来填补，这种流动现象称为对流。
热空气
冷空气
原来如此！
在成长的过程中……

你们随时都有可能
遇到风的侵袭。
咚咚咚咚咚
有时候因为
风势太强，可能会
让你卷入其中。
但是，有件事你们
千万不要忘记。
就是……
指向

你们心中的太阳！
只要你相信太阳，
即使是台风吹袭，
你也依然能够屹立不摇。
！！
指……
指……

只要记住这一点……
你们就可以坦然面对这次全国实验大赛了。
没错！
我们一定要振作起来！
锵
好，向众人展现我们的实力！
来来，孩子们！我们最后来拍一张团体照吧！全部集合。

好！

一、二，茄子。
嚓

咔
贺！黎明小学晋级全国实验大赛！
嚓

科学补习班
精英班
升学班
什么？
真的吗？

嗯，
我也是今天才听说。
怎么
可能！

我们补习班……不对，
全国补习班最帅的
艾力克老师，怎么
可以辞职呢？
我无法相信。

好意外哟！这
是真的吗？
七嘴
八舌
咔啦

锵

今天的课程，
是我个人最喜欢
的实验。
也是我每天
必定会做的
实验之一。

首先，
将100毫升的蒸馏水加热，
使水温慢慢上升。
水温只要保持在
70～80℃即可。

放

之后，
在这杯温水里
倒入
倒入硫酸铜40克，
并搅拌至完全溶解
在水中。

这是有关制作硫酸铜结晶体的实验吧？
此溶液冷却后，放入捆绑毛线的铁丝，其周围便会形成结晶体。
木筷
毛线
结晶体

没错，不过这次要做的，是以结晶体为种子培养结晶体长大的实验。

来，每个人一颗。
夹起

这是……
你亲自制作的结晶体吗？
放入

嗯，这是把跟刚才
同样的硫酸铜溶液
放进大型水槽后，
经过几天的蒸发制得的硫酸
铜结晶体。
而这些是其中
比较大颗的。

我也曾经做过
这个实验，
不过艾力克
制得的结晶体
真是又大又
漂亮呢！
嗯……
我几乎每天都在
培养结晶体。
由于结晶体的形状取决
于各原子的排列，因此溶液的
种类不同，结晶体的形状也会
随之不同。
结晶体
原子排列
每当看着钻石般闪闪发
光的结晶体，我就会觉
得世界真的非常美丽。

在数以万计的结晶体中，我最喜欢的……
就是雪花。
雪结晶体！
雪花会因温度与湿度不同制造出不同的结晶体，所以要找到相同形状的两片是很困难的事。
不过，它们都是以六角形白色结晶组成。
然而，由于它的结晶体会迅速融化，以致无法培养出结晶体！
融化
因此显得更美丽。
假如时间停止转动，此时此刻就不会有太大的意义了。
所以我们才会懂得珍惜此时此刻。
因为随着时间而流逝的与留存下来的，
两者共同存在于这世界上，

就像今天这
最后一堂课。
啊！你真的要
离职了吗？

嗯，但这不代表我在你们
面前永远消失。
因为我的结晶体
还会伴随着你们。
泪丧 泪丧
泪丧
请你们好好照顾它。
叮咚当
科学补习班
精英班
升学班
心怡，
我先回
去了。
好，再见。
收拾
哭泣

艾力克……
你没事吧？
当然，
我好得很。
嚓

今天这最后一堂课
真是令人感动。
你果然有
一套。

叹气
是吗？
你能体会它的
含义吗？
嗯？

我……
我这不过是
抄袭某人的
做法罢了。
这话……怎么说？

这就是柯有学老师为我上过的最后
一堂课。流失的与留存的……

不过，心怡……
呼呼
我还是无法体会。
艾力克……
呃……
这……
咔啦
心怡。
呃！
瑞……瑞娜！

……
我有话要跟你说……
现在吗?

你还有话要跟我说吗?
艾力克?

……
瞪视

我先走了。心怡,再见。
离去
缓步
啊……
……

你还在生我的气吗?
砰
不,不是,你别误会……

这点我可以理解,毕竟是我伤害你在先。
快别这么说。

我今天来是想为你加油打气……
没有其他的意思。
谢谢你，瑞娜。
还有，也替我跟士元说一声……
哭泣……
加……加油……
瑞娜！
呜呜呜

百叶箱的秘密

百叶箱是一个内部放有气象观测仪器的小型木箱。之所以称为百叶箱，是因为百叶箱四壁一般是用木片做成百叶窗式，箱内的仪器包括温度计、湿度计、最高及最低温度计等。由于气象观测仪所观测的结果会因阳光直接射入的强度及架设的高度而有所不同，因此百叶箱必须架设在具备一定条件的环境中，才能正确观测气候。有关百叶箱的架设条件，请参见以下说明。

百叶箱架设条件

❶ 百叶箱应架设于四周无障碍物的草地中央，以避免四周物体或地面的反射辐射干扰到箱内仪器的准确性。

❷ 百叶箱底部与地面的距离应超过 1 米，而温度计与湿度计的高度则以 1.2~1.5米为宜，目的是配合一般人的活动高度。

❸ 百叶箱的内部与外部均应涂上一层白漆以反射阳光，四周则架设双层木板，以避免雨雪水渗入或阳光照射，同时利于空气流通。

❹ 箱门应朝向北侧开，以避免日光直接射入箱内。

百叶箱内部的观测器材

百叶箱内备有观测当天的气温、最高及最低温度和湿度，并自动记录的仪器。在箱内放置观测仪器时，应与墙壁之间保持一定距离，以防止彼此干扰；降雨或降雪后，应用干布擦拭，以免水滴渗入仪器内部。

最高/最低温度计 所谓最高温度计，就是测定一天中最高温度的温度计。这种温度计的构造特性是，其颈部非常细，当温度升高时，它就会使水银柱一直升高，但当温度降低时，颈部的水银会中断，而留在上面的水银柱不会降低，用它即可测得一天中最高的温度。最低温度计就是测定一天中最低温度的温度计。

自记式温度计 自动记录一定期间内温度变化过程的温度计，我们可以用它得知温度是怎样随着时间变化的。

干湿球湿度计 将两个水银温度计并排放置，将其中一个温度计球部用白纱布包好并沾湿，即可通过与另外一个温度计的温差测定湿度。

自记式湿度计 最常使用于百叶箱的自记式湿度计为毛发湿度计。利用毛发会因吸收湿气而膨胀的性质来测定湿度，同时会自动记录随着时间变化的湿度变化。

第四部

全国大赛揭开序幕

孩子们，
我们来拍
一张团体
照吧！
贺！
黎明小学晋级全国实验大赛！

好！

科学补习班
小学精英班
贺 考上精英院
高中升学班
瑞娜，你先喝一点东西。
谢谢你……
你好点没有?
咕噜
嗯，只是感到丢脸。
呼呜

心怡，
我预计下星期就要
回德国了。
回德国？
怎么会这么
突然？
坐下
其实，当初我回到这里时，
跟我老爸谈好了一个条件。
我有信心可以获
得冠军！
我承诺他只要参
加完实验大赛，
我就会回去。
但是，竟然在预
赛遭到淘汰……
原来如此。
不过没关系。
其实，实验大赛
只是一个借口
罢了。

坦白说……
我是因为很想
见到士元。
我以为当我们
再度相遇时，他会用
以前那种友善的态度
来对待我……
看来是我
异想天开。
瑞娜。
你要想
开一点！
我相信士元他
并不怨恨你！
你们只
是还没有找
到合适的相
处方式。
300

你真善良。
嗯？

我知道你非常
喜欢士元。
惊慌失措
啊！我……
我只是……

请你帮我拿给士元。
我知道当初我要你帮我送礼物给士元或强迫你做实验时，你一定非常痛恨我。
别再做假的实验了！
即使如此，你依然会站在我的立场来体谅我。这一点是我绝对学不来的。

拿起……
来，收下吧！
这是什么？
打开看看！

啊……！
嚓

这是我在德国参加学校实验大赛夺得冠军时穿过的实验服。
对我而言，它可以说是一件幸运之物。

你怎么会送给我？

参加全国实验大赛以及跟士元和好这两项心愿，我都没有达成。
我可不想再次失去你这样的朋友。
瑞娜。

我只想借它表达我的最后一份心意。
你不会拒绝吧？
当然！
这次参赛时，我一定会穿在身上的。

我希望这件衣服可以带给你幸运……
谢谢你！

那我先走了，再见。
再见，瑞娜……

观察
偷瞄
砰

何聪明！

你在这里搞什么啊？
上次我们约好要见面，
你为什么连个影子
都没有出现？
轻声细语
?

啊，抱歉。
其实上次我就在
那里……
石化
叹气……
当然也听到了你和
小倩的对话内容。
结巴
你听到了？
全部吗？
结巴

是的。不过……
我是不会放弃的！
气……

请你帮我一个忙，
请把这封信……
递
不……不行！
抢！

所……
所以……
这……
这……

还……
还是由我来转交
给她好了……
真……真的？
谢谢你，
社长！
我的未来，
就靠这封信了！
真是一个笨蛋
……
好……
那一切就拜托
你了，社长。
颤抖
感动落泪
不过，你的纯
情和执着倒是
深深打动了
我的心。
沙沙
沙沙沙沙
社长！
惊吓
吓！

啊……小倩！
我练完了，
我先走啦！
藏

等！
等！
等一下！
嗯？

刚才实验社的何聪明来过这里……
我怎么突然感觉到一股杀气呢？
石化
所以呢？
超冷淡

他要我把这个转交给你。
惊
！！

踢

接！

抓
撕开
抓

击
踢！

喘
喘
喘
喘
喘
喘

这是他的心意，
你就看一下嘛！
放

注[1]：放射线的一种，由于穿透力极强，经常被用于探测或医疗。

哗啦啦啦
第18届全国实验大赛
刹车
那里就是
举办全国实验大赛
的会场！
第18届全国实验
请小心。
开
好。

喂，江士元，你就是要耍大牌，是不是？难道跟我们一起搭巴士会让你长痔疮吗？
发飙
……

要你管，我可没时间跟你在这里啰唆！
转身

全国大赛期间，我们要一起住在宿舍哟！日常用品都记得带了吗？
带了！
当然啰！撑到大赛结束都没有问题呢！
拍

第一场比赛就要开始了，请大家动作快一点。
是！
嚓！

宿舍
哇，好棒哟！
哗哗
哗哗

我们是黎明小学。
好，我找到了。老师是102号房，三位男同学是307号房，女同学是502号房。
咔咔
咔咔

好，先把行李放好，我们再集合。
啊，是这里！
呼
哗啦啦
拿起
瑞娜，我会加油。
同学们，往这边。
好！

请问，你们是
黎明小学吗？
啊，好紧
张哟！
请跟
我来。
紧张！
请在这间休
息室稍候。
黎明小学
大海小学
已经在等
候了。
好。
紧张！
10分钟后比赛正式开始。
紧张！
紧张！
安全出口
呼
紧张！

好，继今天上午的比赛，第二场比赛是由大海小学对战黎明小学。
黎明小学
与第一场比赛相同，这场比赛也是由一位主监考官和两位副监考官进行公正的评分。
同时比赛过程将会通过网络全程直播。
嗡嗡作响……
好，现在就请两所学校的选手们进场！
哇哇

咔啦
咔啦
哇啊啊啊

闪烁
哇，好多人哟！
闪烁
闪烁

好，现在进场的是大海小学和黎明小学两队的参赛选手。
大海小学是连续三届参加全国实验大赛的队伍，而黎明小学则是初次参赛的队伍。
不过，黎明小学也有一位令人瞩目的学生，就是……
做鬼脸
嗯？！

嘿嘿嘿，
你现在是在拍我吗？
那要拍帅气一点哟！
嘿嘿

哇哈哈哈
我哪知道！
他是谁啊？
沙沙
滚，
滚开啦！

不愧是黎明小学啊！
你这个臭家伙！

拍

啊！镜头捕捉到江士元同学了。
据悉，他是成绩在全国名列前茅的优秀学生，而他最擅长的领域是化学。

我们一起来欢迎
这两支队伍！
咚！

大海小学加油！
哇啊啊啊啊

大家好。我相信两队已经看过全国大赛的比赛规则。
依照大会所制订的主题，我们已将实验所需器材放置在会场中央。在实验过程中，选手们只能使用大会所提供的器具。
此外，超过比赛时间、犯规或抄袭的一方都会被扣分。
他怎么一直笑嘻嘻的？
他就是郑安迪。
好，现在……
私语

掀开
现在来宣布这场比赛的主题。
比赛主题是“热的传播”。
热的 传播

热的……
传播！
好！刚才大赛已经宣布了第二场比赛的主题！
热的传播！
热的传播方式应该有三种吧？
就是传导、对流、辐射。其中传导是通过物体的传播，对流是通过空气或水的传播，
而辐射是指热可以不通过介质自行传播。
传导
对流
辐射
这两支队伍到底会选择哪一种方法呢？请大家拭目以待！
嗡嗡作响……

啊！看来大海小学似乎
已经决定了！先选定实验主题，
对掌握比赛的节奏比较有利。
起身
黎明小学
看起来非常
谨慎呢！
没错，
尤其是在时间
和器材受限的
情况下。
热的传播方式分
很多种，以各种
理论为基础，
我们可以进行各式
各样的实验。
但最重要的……
是找出我们想要发掘
的是什么，对吧？
咚

点头
点头
点头

嗒嗒嗒
咚
吵
我要专心！
专心！

我们……

选择气候
怎么样？

气候？
嗯。
为什么呢？

因为热会带给雪或雨很大的影响啊！
没错！太阳热能不仅可以制造出气压差与风，同时还能使水蒸发，生成云和雨！
这就代表了天气与热有密不可分的关系啊！
风
太阳
水蒸气
云
雨
嗯，而且一个地区长期平均的天气状况就是气候。
言之有理。
搔头
不过……
极地
寒带
干燥
温带
热带
由于气候受到纬度、地形、海流等影响，在全球各地会呈现不同的气候现象啊！在那么多的气候现象中，我们该选择哪一种呢？

点头
我懂了。
你是希望
针对我们国家的
气候进行实验，
对吧？

（冬季）
北风
（夏季）
南风
我们位于会随着
季节吹不同风的
季风气候地区。
夏季会吹南风，
而冬季则会吹北风。

我也懂了！
因为那也是风，
所以跟热的传播也
有关联，对吧？
拍

这么说，我们要进行的
实验在热的传播中
属于对流的
部分啰！

哇
哇哇
……
等得不耐烦……
……
哇！
……
加油！
起
身
好，开始吧！

人造云的制造方法

实验报告	
实验主题	通过实验，确认云的生成过程，了解其原理。
准备物品	❶铁制底座 ❷铁夹 ❸圆形烧瓶 ❹火柴 ❺橡胶管 ❻两孔橡胶管 ❼注射器 ❽温度计 ❾线香 ❿玻璃管 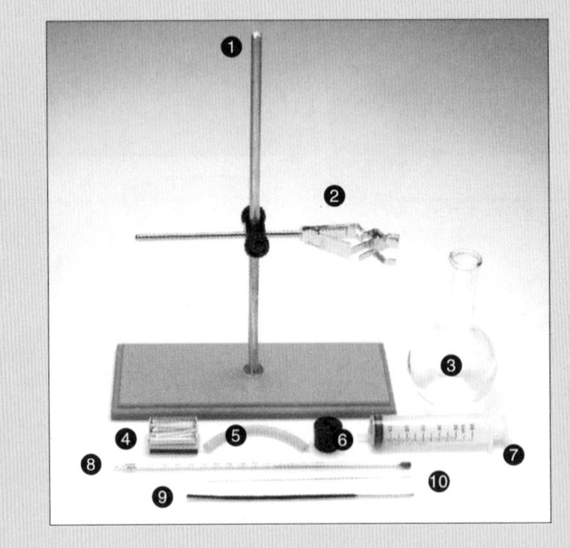
实验预期	空气压缩后再膨胀时，空气中的水蒸气会凝结，从而生成云。
注意事项	❶ 建议使用较小的圆形烧瓶和较大的注射器。 ❷ 若使空气过度压缩，可能会导致橡胶塞脱落或圆形烧瓶破裂，请特别留意。 ❸ 由于烧瓶内产生的云会立即消失，请注意观察。

实验方法

❶ 在圆形烧瓶内倒入少量的温水，并用铁夹将烧瓶固定在铁制底座上。

❷ 将温度计与玻璃管分别插入橡胶管的两侧孔内，插入时应涂黄油以避免漏气。

❸ 将橡胶管的两侧末端分别连接至玻璃管与注射器。

❹ 点燃线香，使烟雾聚集在圆形烧瓶内部，并在烟雾消散前将烧瓶口用步骤❸的橡胶管封住。

❺ 用注射器将空气注入烧瓶内部，使空气压缩后，随即观察烧瓶内部空气和温度的变化。

❻ 用注射器抽取烧瓶内部的空气，使空气膨胀后，随即观察烧瓶内部空气和温度的变化。

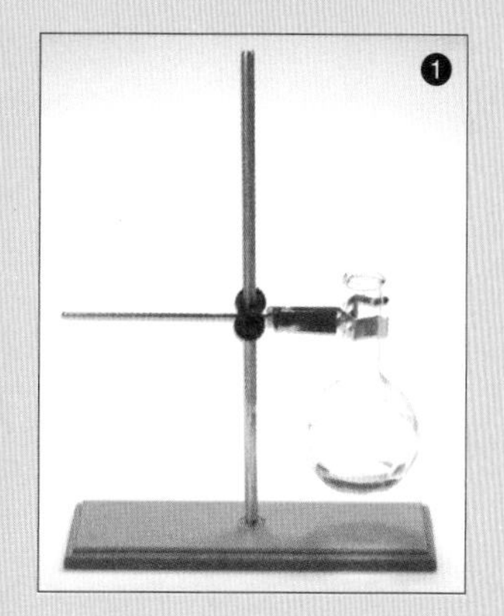

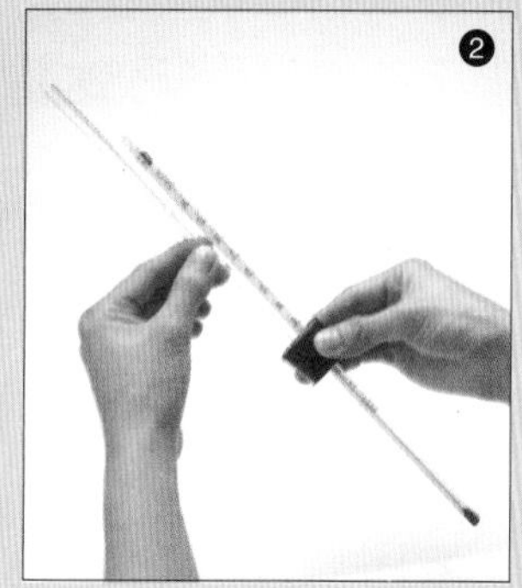

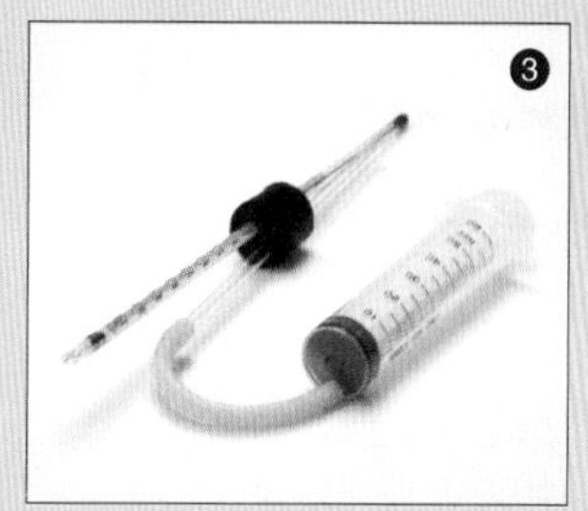

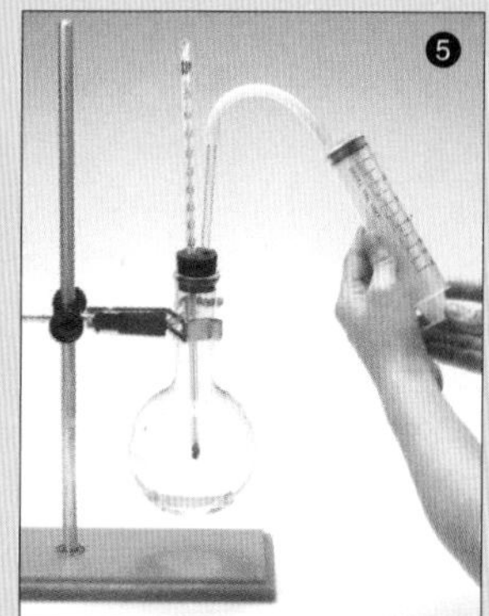

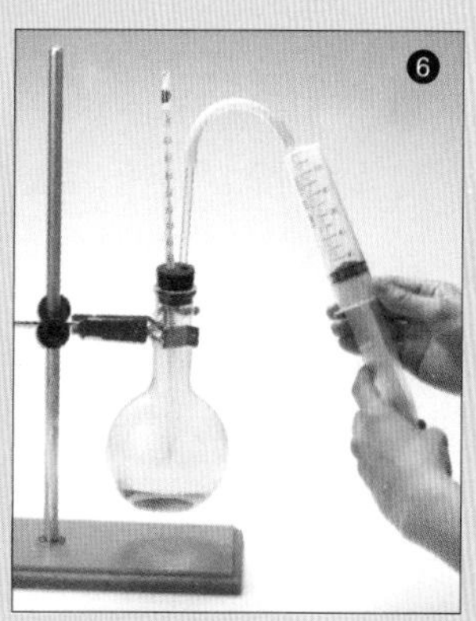

实验结果

	温度变化	烧瓶内的变化
❶ 使烧瓶内部的空气压缩时	22℃→22.8℃	无变化
❷ 使烧瓶内部空气膨胀时	22.5℃→21.9℃	会产生烟雾

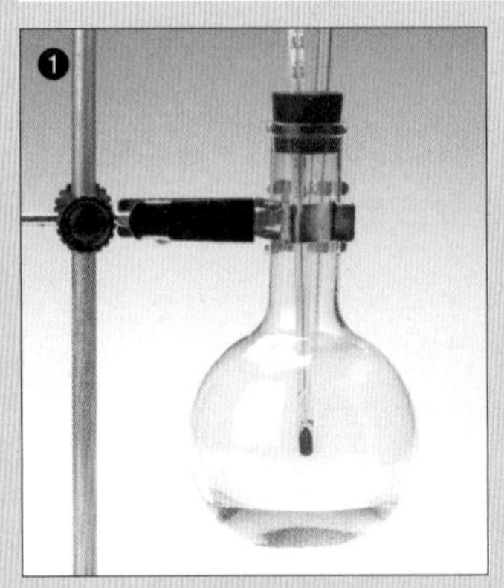

这是什么原理呢?

当空气遇到低温时，其“最高湿度”会逐渐降低，然后开始凝结。这种空气状态称为饱和状态，此时的温度称为“露点”。

当温度下降至露点以下时，空气会呈现饱和状态，致使空气中的水蒸气凝结成小水滴，雾、云、露水等均由此生成。高度越高，气压越低，气温则随之下降，等气温达到露点时，水蒸气凝结，便会生成云。

在大气中，尤其是在水蒸气凝结时，如果没有像盐粒子或烟雾之类的凝结核时，便会呈现过饱和状态，以致难以凝结。在进行实验时，将线香的烟雾放入圆形烧瓶内，目的就是扮演凝结核的角色。

博士的实验室2

梅雨季节注意事项

第五部

第一轮竞赛

呃，虽然稍有延迟，
黎明小学实验社也开始
准备器材了。
他们究竟会进行
哪一种实验呢?
看来大海小学已经
准备就绪了。
啊，隐隐约约看到大海
小学所准备的器材了。

保鲜膜
包括白炽灯泡、保鲜膜和烧杯。
白炽灯泡
另外也有计时器和尺子，还有那是……啊，还有温度计。
温度计
尺子
烧杯
计时器

依照器材来研判，他们要进行的实验应该是关于时间与温度的变化。
是的！看来他们要开始进行实验了。

现在，我们就先来观赏大海小学的实验。
大家应该还记得上次我们做过的实验吧？
记得！

热都由高温处往低温处传播。
这种热沿着物体从高温处往低温处传播的现象，就是传导。
主要发生在固体物质中。
传导
另外，热也会通过流体（气体、液体）流动，受热的流体会上升，
而相对较冷的流体则被受热流体挤压下降，这种现象就叫作对流。
对流
还有一种热的传播方式，就是辐射！
辐射
热以波的形态，不需要借助任何介质即可直接传播。
没错，辐射可使热能在真空状态下得以传播，这也就是太阳热能能够穿过宇宙空间，直接抵达地球的原因。
太阳
地球

此外，辐射还有一个特点！
就是温度不会因辐射热源的持续照射而无限上升。
否则地球的温度就会和太阳一样了。
当温度达到一定的程度时，辐射能量的吸收量与释放量会达到一个平衡点，持续维持其温度，而这种状态就叫作辐射平衡。
实验笔记
我们要做的实验就是辐射！通过实验来呈现辐射的平衡状态。
拿起
放
用这个作为地球！
点头
点头

地球，
咚

是由大气层所包围。
拉出

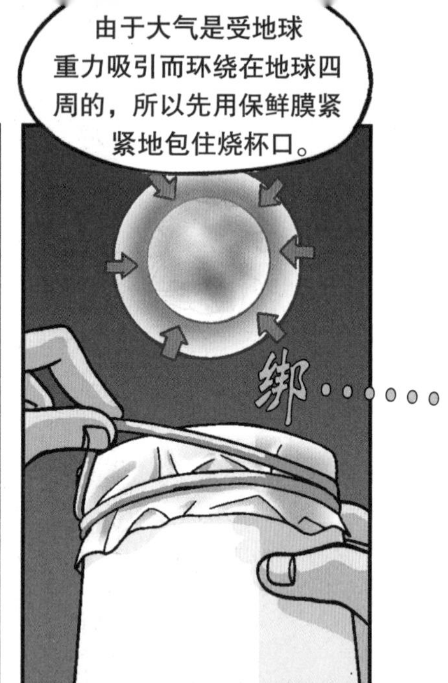
由于大气是受地球重力吸引而环绕在地球四周的，所以先用保鲜膜紧紧地包住烧杯口。
绑……

而这个就是自行释放辐射热的
咚
太阳！

好，现在就把温度计的底端穿过保鲜膜放进烧杯内。

刺

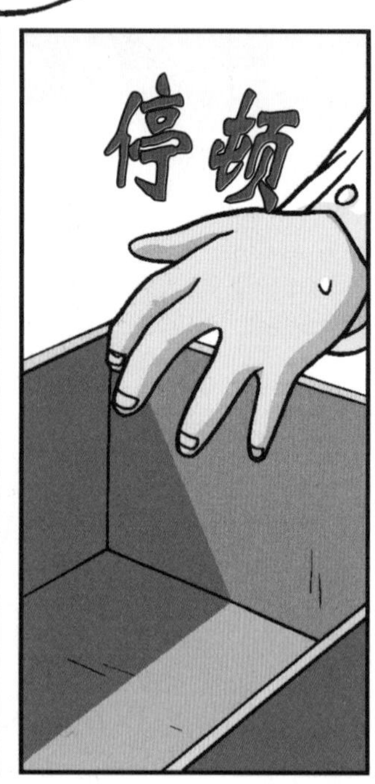
停顿

怎……怎么
可能……
温度计

空
温度计

发怒
没有！
没有了！
我找不到我们需要的温度计啊？
怎么啦？

怎么可能？
主办单位应准备了很多支温度计才对啊……

惊讶
真的吗？

这么说，
就是他们？
温度计

来，地球
准备好了。
金星也
搞定了。
这是火星！
这是木星！

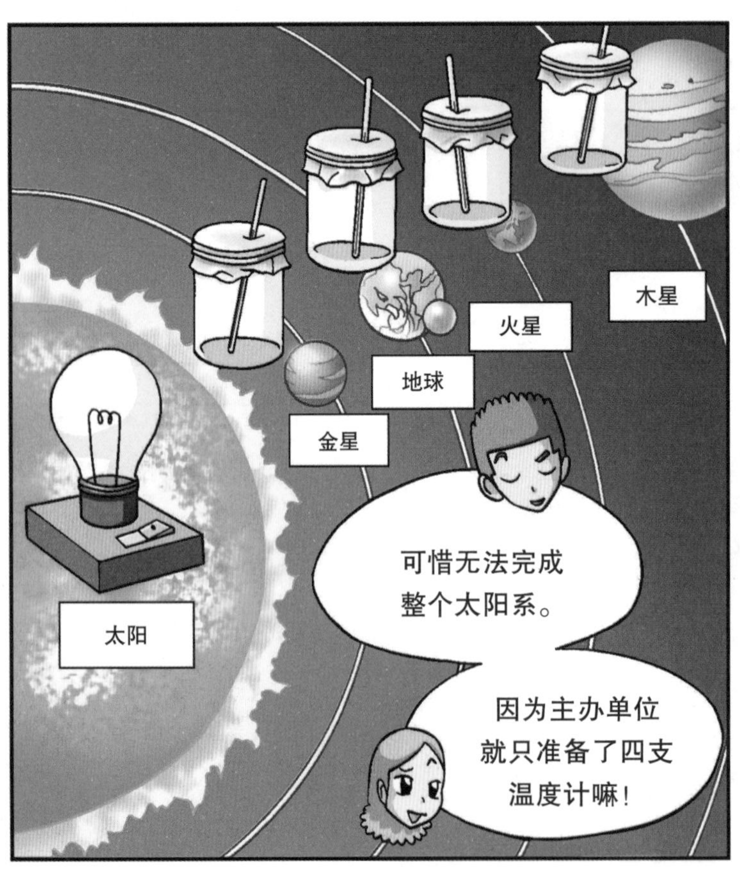
木星
火星
地球
金星
太阳
可惜无法完成
整个太阳系。
因为主办单位
就只准备了四支
温度计嘛！

只好将就
一下啰！
火冒三丈

一群可恶的家伙！
竟然抢光了所有的温度计！
忍着！
小宇，你不可以在这里闹事啊！
发飙！

怎么办呢？我们要进行的实验也需要温度计啊！
如果测不到温度，我们会被扣分的。
还是干脆改做另一种实验……
我们已经没有多余的时间了。
主题是“热的传播”，而温度计则是必需品！

这根本就是他们的计谋！
我们不能坐以待毙呀！
……
气呼呼
呼

现在就只差温度计了……怎么办呢？
……
这么说来，我们难逃被扣分的命运啰！
大家不要气馁！
！！
俗话说山不转路转，我们可以找替代品啊！
啊？你有什么好主意吗？
替代品？
就是我这最敏感的手指！
现在的温度是22℃。
你们可不要小看我这人体温度计哟！

温度计是利用玻璃管内酒精或水银热胀冷缩的性质制作的……

这……这要怎么制作？

水沸腾的温度100℃

水结冰的温度0℃

温度计

相同的原理，在养乐多瓶内

倒入染成红色的酒精，

插入画有刻度的吸管后，

再用黏土封住就可以了。

啊！

写写
动手吧！
呼！
黏土已经有了，
还有酒精、吸管！
虽然没有墨水，不过应该可以用红色白板笔的墨汁吧？
没有养乐多瓶……
有了！可以用试管替代。
黏土
红色白板笔
酒精
酒精
吸管
取出
哼！一群卑鄙的家伙，你们等着瞧吧！
哼

好，开始前的
温度已经测量好了。
大家准备好了吗？
嚓
好了！
我们开始吧！
亮
17℃
19℃
20℃
01:30
03:17
05:01

呵呵，大海小学的水准果然是名不虚传。
不过！
斜视
呜呼呼
呼
他们要做的实验，我们学校已经做过很多次了。
你说是不是啊，许大弘？

是的，那颗白炽灯泡在发亮的同时也会发热。
这是关于热的传播中的辐射！
辐射热会影响烧杯内的空气，使烧杯内的温度上升。
但是，烧杯内的温度上升到某一个程度时，便会停止上升。
没……没错，因为从那个时候开始，烧杯也会释放辐射热。

是的，就如同太阳辐射能量与地球辐射能量相同。
太阳辐射能量的70%由地球表面吸收，另外的30%则由云层与大气反射。而地球则以水的蒸发或传导等方法，将吸收的能量加以释放，以便达到辐射平衡。
反射30%
地球辐射70%
云层
空气
空气
云层
水的蒸发
传导
由地球表面吸收
而辐射平衡遭破坏后所衍生的，就是地球“温室效应”现象。
由于辐射热受大量的温室气体影响，无法顺利排放到地球外围，
辐射热
当地球的温度逐渐攀升时，
南极和北极的冰山会融化，导致海平面上升，
进而带来洪水或干旱等严重的气候异常。
海平面上升
洪水
干旱

没错，在报告中进一步提及地球变暖现象，或许可以得到更高的分数。
何止这些。

我们做的实验是通过将烧杯放置于不同的距离，以证明辐射平衡温度也会受到距离的影响。
现在就来看结果吧！第一个烧杯的温度是23℃，第二个是20℃，第三个是21℃……

等等！
你说21℃？
停顿
啊！我们的学生也
开始进行实验了！
他们就是黎明小学吗？
我还是第一次听到呢！
他们是首次晋级全国
实验大赛的学校。
嘲笑
嘲笑
你们不觉得
他们看起来笨手笨
脚的吗？
哇哈哈哈
呜吱吱吱
（完成！）
没错，没错！
尤其是那个头发
尖尖的家伙！
看起来很像
猴子呢！
哈哈哈
吱吱

黎明小学加油！
范小宇加油啊!!
大吼!!
校长
小宇
锵
哈
啊
我爱你哟！
他在干什么啊？
你看他！
哇哈哈哈哈哈
我的人气还真不是吹的呢！
哔哔
哔哔
幼稚！

注[1]：一种可以观察对流现象的实验器材，其顶端开有两个孔，正面设有透明板以供观察箱子内部。

红笔
酒精
锵锵！
范小宇牌
简易温度计！
制作方法
是用红色墨
水把酒精染
成红色，
再倒入
试管内，
并将画有
刻度的吸管
插入黏土，
再堵住试管口，
以防止空气进
入试管内！
来，先测量
沙的温度！
刻度7。

这次是测量水
的温度……
嗯？

怎么没有太大的
变化呢？你这温度计到
底管不管用啊？
吃惊
废话！
它的敏感度
不可能媲美真的
温度计。
况且沙与水的
温度和现在的室温也不会
有很大的差异。

不过，一旦在
对流箱内受热时，
就会产生变化。
亮

嘀嗒嘀嗒
嘀嗒嘀嗒
嘀嗒嘀嗒
啊，烟雾的方向转变了！这表示开始起风了！
哇！
真的呢！烟雾从沙的那一边冒出来呢！

就是现在！
打开箱子，测量温度。
呃！好！
按下

插

嘶嘶……

温度上升了！

好！那水的温度呢？

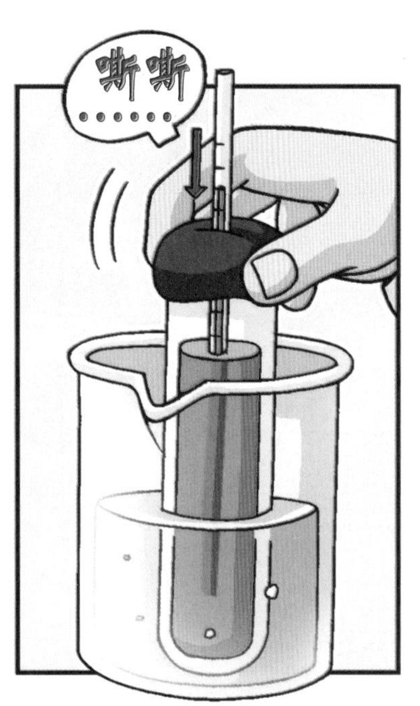

嘶嘶……

嗯？水的温度明显比较低呢？
别担心，那才是正常的。
由于沙和水的比热不同，所以即使受相同的热，温度也会不同。

比热？
啊，所谓比热……

是指1克的物质温度升高或降低1℃所吸收或放出的热量。
上升1℃需要10根火柴
上升1℃需要2根火柴
简单来说，假设水的比热为1，干燥的沙的比热为0.2，代表沙比水更容易变热。

一头雾水
也就是说，因为比热的关系，沙比较容易变热，
而由于沙上方的空气膨胀后往上攀升，
沙
水
水上方的冷空气移往沙上方的空间，进而产生风，是这样吗？
没错！那就是对流。
点头
现在要观察的是关掉台灯后的反应。
关
01:30
05:20
08:10
15:00

啊，
怎么会这样！
呼呜呜呜
风的方向转变了！
温度计，
温度计！
啊，真的！沙的
温度很快就下降了，
但水还是热的。
没错，此刻水
的温度应该会比
沙上升得高。
那是因为水
的散热速度
比沙慢。
写

跟我们的实验一样，海边的
风向会随着日夜而转变。
太阳升起的日间，
由于陆地比海面更容易受热，
所以风会从海洋吹向陆地。
而太阳下山的夜间，
由于陆地比海面更容易散热，
所以风会从陆地吹向海洋。

可是，这和气候有什么关系呢？
嘿
你在夏天和冬天，也可以发现类似的现象。
夏天和冬天？
没错。夏天会受到来自海洋高温多湿的气团影响，
夏天
北太平洋气团
鄂霍次克海气团
而冬天则会受到来自陆地寒冷干燥的气团影响。
西伯利亚气团
冬天
像这样，随着季节的变化会受不同风向影响的气候，就叫作季风气候。
季风出现频率60%以上
季风出现频率40%以上
全世界会受季节影响的地区不算少。
季风出现频率40%以下
哇，这表示我们正在进行有关全世界季风的实验啰？

而且实验非常成功！这一切多亏了你的温度计！
所以我的功劳最大啰！
距离越近，达到辐射平衡的温度越高才对啊……
第二个烧杯的温度竟然比第三个还低呢！
33℃
20℃
21℃
17℃
我们的实验失败了！
气……
……
怎么办？安迪，报告上要怎么写呢？
我们可以作假吗？
你白痴啊！没有看到摄影机吗？这么做迟早会穿帮的。

冷静一点……
这不过是小小的失误，我们得先找出失败的原因。

啊，你们看！第二个烧杯的……保鲜膜脱落了。这代表外部的空气从这里跑进去，
导致内部的温度下降。
啊?!
天啊……没想到我们竟然会犯这种失误……
看来很难补救了呢！
叹气。。。。。。。

现在只能祈求对方的实验水准低或失败了！

咚
咚

您有什么
看法呢？

我认为两所学校皆以热
的传播为主题，选择
了非常合适的实验。

黎明小学和
大海小学分别以对流
和辐射进行了实验。

不过，还蛮有趣的。
这是由于大海小学抢光了温度计而发生的事情。
哇
哇
完成！！
在准备器材方面或许会被扣分，
但这也使得实验内容变得更加丰富，所以在这个部分应该也会得到一些加分才对。
紧张
啊，原来如此！
而真正的失误则发生在大海小学这边。
你看一下这个画面。
咔嚓
紧张
紧张
我认为这对实验结果应该造成了非常严重的影响。
咔嚓
我们把温度计放大，
虽然是不容易被发现的失误，
但第二个烧杯明显出了问题。
按
紧张！

哇
哇啊
咔哗咔哗
咔哗咔哗
咔哗咔哗
好的，比赛的计分方式是将主监考官的评分与两位副监考官平均分数的总和作为最终分数。
除此之外，所有在实验过程中发生的扣分问题，也采用同样的计分方式。
起身
啊！看来评分结果已经出炉了！

好，各位……
肃静……
拿起
两支队伍的表现都非常精彩。
现在就来宣布评分结果。
紧张！
紧张
紧张
紧张
紧张
紧张
紧张……

气象台如何预测天气？

所谓天气预报，是指根据气象图所显示的结果，分析天气随时间的变化，并预测未来气象状态的气象报告。

最初的气象观测，是通过对天气较为敏感的农民或渔民的经验来预测天气。直到文艺复兴时期，随着近代科学的发展，温度计、湿度计、气压计等气象观测仪器开始一一问世，1820年，德国的气象学家（也是物理学家）布兰德首次绘制出标示气压与风向的地面天气图。19世纪末，由于通信的发展，人们得以绘制出各种气象图，从而每天预报当天的天气。现在，人们利用气象观测卫星等尖端技术，有效提升天气预测的精确度。

气象观测

指了解气压、湿度、风速等大气状态，观测云、雾、雨等各种气象现象的工作。

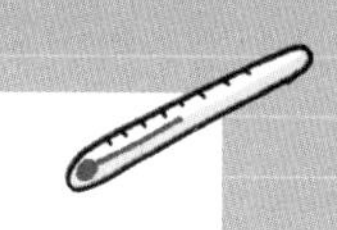

无线电高空测候器 是指携带着气压计、温度计、湿度计等高挂在大气中的气球或火箭。通过无线电发射机，将上层大气的气象状态传送至地面。

气象雷达 原理是发射微波，微波碰到云层中的水滴后会反射回来，再用天线接收，以得知降雨地区与降雨强度。

地面观测 通过百叶箱、风向风速计、自动气象观测等设置于地面的器材观测气象资讯。

海洋观测 通过海洋气象观测船观测远洋的气象状态。

卫星观测 通过静止气象卫星或极轨气象卫星，在宇宙中以即时方式观测气象状态。

资料搜集与绘制气象图

以网络、传真、电话等搜集国内外气象资料，由超级电脑进行分析并绘制气象图。以下是代表天气的各种符号：

天气符号		云				天气					锋面			
	风向 风速 云	晴天	时云	多云	阴天	雨	阵雨	雪	雾	大雷雨	冷锋	暖锋	锢囚锋	静止锋
		○	◑	◕	●	•	$\dot{\bigtriangledown}$	⋇	≡					

说明：天气符号为原版书标注内容。

发布天气预报

中央气象局发布天气预报时，以全国性天气预报、区域性天气预报、局部地区天气预报等方式发布天气概况，人们则可通过电视或收音机、报纸、电话、网络等媒介得知。

气象预报 按时间的长短，可分为短期预报（以每 3 小时或一天为单位）、中期预报（以一周为单位）及长期预报（以一个月或一个季节为单位）。

气象特报 当气象发生突如其来的变化或异常现象时，气象局特别发布的报道，例如大雨特报。

第六部

陷入危机

评分内容分为3个部分，
并分别以10分为满分。满分为60分，
其中包含主审的30分，以及两位
副审的评分平均后的30分。

首先是黎明小学
所得的分数。

实验内容部分，主审6分。
黎明小学
评分内容 主审 副审 副审
实验内容 6 6 6
实验态度
第1副审6分，
第2副审6分，
总计12分。

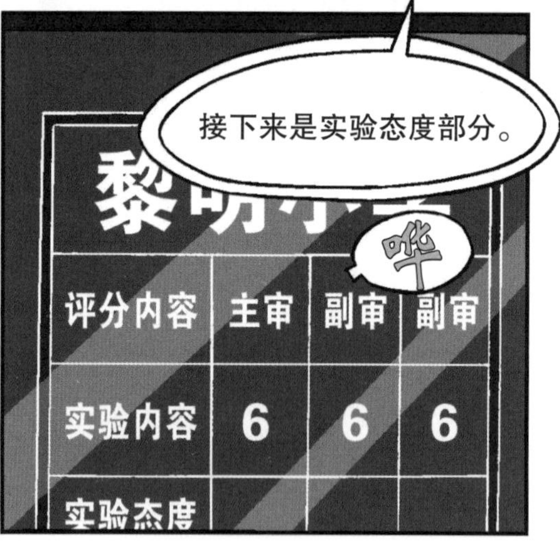
接下来是实验态度部分。
咔
评分内容 主审 副审 副审
实验内容 6 6 6
实验态度

主审的8分，加上第1副审的7分和第2副审的6分的平均分6.5分，等于14.5分。最后是实验报告书部分。
主审6分，第1副审6分，第2副审6分，总计12分。
坐立不安

对，没错。我正在观看。

黎明小学在满分60分中获得了38.5分。
哗哗
哗哗

接下来宣布大海小学的分数。
紧张……
实验内容部分，主审7分、第1副审7分，第2副审7分，
总计14分。
黎明小学
大海小学
评分内容 主审 副审 副
实验态度部分，主审5分，第1副审4分，第2副审4分，
总计9分。
呼……

实验报告书部分，主审7分、第1副审7分、第2副审8分，总计14.5分。
因此总分是……
哗哗
哗哗
啪
37.5分。
黎明小学
大海小学
38.5
37.5
咚

实验内容部分，
是评鉴实验的进行内容；
实验态度部分，是评鉴
进行实验的熟悉度；
而实验报告书部分，
是评鉴实验结果与相关
的各种思考能力。
两所学校都辛苦了。
今天黎明小学与大海
小学的实验对决
……
咚
什么？
这代表我们
赢了吗？
对啦，
笨蛋！
是！
38.5分比37.5分，
非常接近的分数，
黎明
小学获胜
……
哇
呃……？
等一下！

因总部的要求，比赛结果的宣布突然被中断了。
……！
……！
发生了什么事呢？
……？
嘿嘿嘿嘿
各位领导，我们等不及啦，可以请你们先宣布获胜结果吗？
我……讲错了吗？
啊！
吃惊

很抱歉，
基于某种原因，大会先保留比赛结果。
!
?
什么事啊？
什么……？
会不会是积分上出了问题呢？
什么叫保留？为什么？
呃……

老师。
是。
？
起身

听说主办单位接到了
一个检举电话。
检举电话？

是的，据检举者指出，
黎明小学其中一位同学早已
获知今天的比赛主题。
啊？

根据检举，
我们想确认一件事情，
您同意吗？
当然同意！
谁怕谁啊？
冷静
一点！
是的，我同意。
点头

绕过

你就是心怡吗?
咦? 对!

我可以搜一下你的实验服吗?
搜实验服?
手忙脚乱
?
?

在……在这里。

在内侧口袋里……
便条
�

这张便条上写有
今天的实验主题！
嚓
第一轮比赛主题
热的传播
咦？

什么？那是什么？
作弊的行为呀！
我的天啊！
怎么可以
这样？
这是非常不道
德的行为！
呜
呜
心怡！
嘘声

不……
不可能的……！
恍神
怎……怎么会……

怎么会……！
恍神……
这样……
抓……
??
点头……
老师……

针对这件事情，
我们需要展开彻底的调查。
请您提供必要的协助。
点头
好的。

来，心怡同学，请你跟我来，好吗？
好……
心怡！
请你们跟我来。
呜
……

……
缓步慢行
嗯……

意思是说，
他们那群人早就知道比赛主题啰？
这表示他们早已做了准备，应该也做过很多次练习。
那么！
可能被取消参赛资格啰？
点头
嗯……
不过，我不喜欢这样的结局。
这么一来，我们就可以自动晋级啰！对吧，安迪？
七嘴八舌
点头
再次为刚才的小插曲向各位观众表示歉意。等一切调查工作结束后，我们便会马上宣布今天的比赛结果。
哗哗
哗哗
今天的比赛就到此结束，谢谢。

哗哗
看来黎明小学方面出现了非常严重的问题。
这……这到底是怎么回事呢？
哗哗
哗哗
哗哗
哗哗
是，虽然难以断言，但如果事情属实，黎明小学就会难逃被取消参赛资格的命运。
点头
……
被取消参赛资格是一件极不光彩的事情！
等一切调查工作结束后，我们便会马上宣布今天的比赛结果。

是的，这应该会对该队伍带来很大的打击。
……

惊吓
丁零零

喂？你好。

这应该是你的杰作吧？
哗哗
哗哗
呼……
我说过了。逆我者，一定会付出代价。
转身
没错，士元那家伙应该也得到了教训！谁叫他对我们不仁不义！
这一切都是他自己应得的报应，你终于把他给搞垮了！

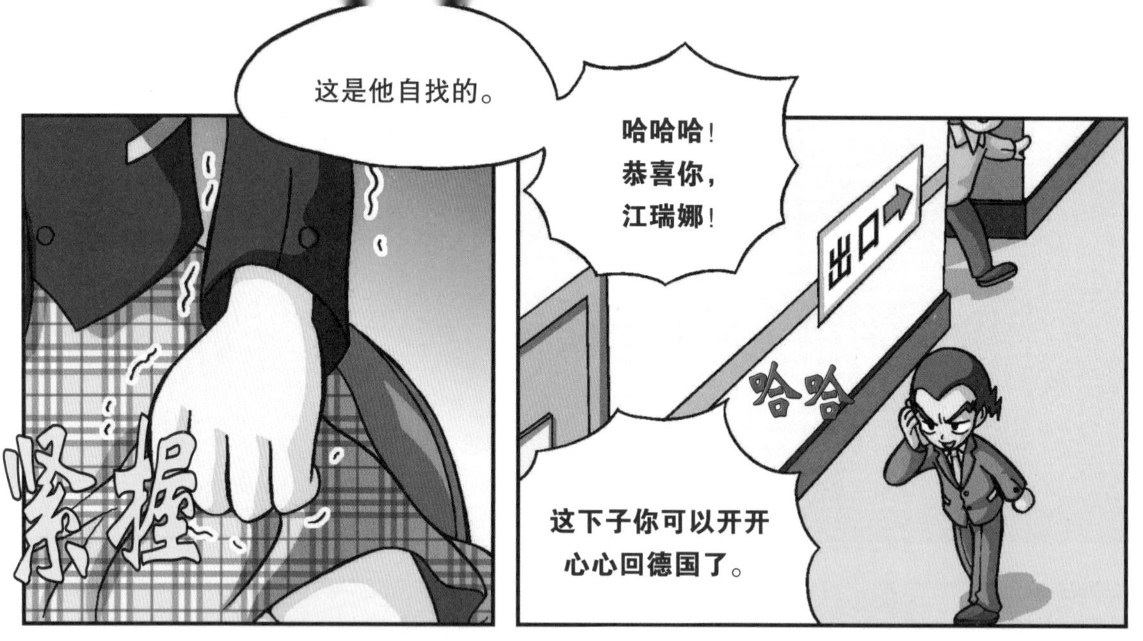
这是他自找的。
紧握
哈哈哈！
恭喜你，
江瑞娜！
出口
哈哈
这下子你可以开开
心心回德国了。

起身
你这么希望我回去啊？
恭喜什么？再见！
搞什么嘛！
女人真是善变的动物。
出口
哼……

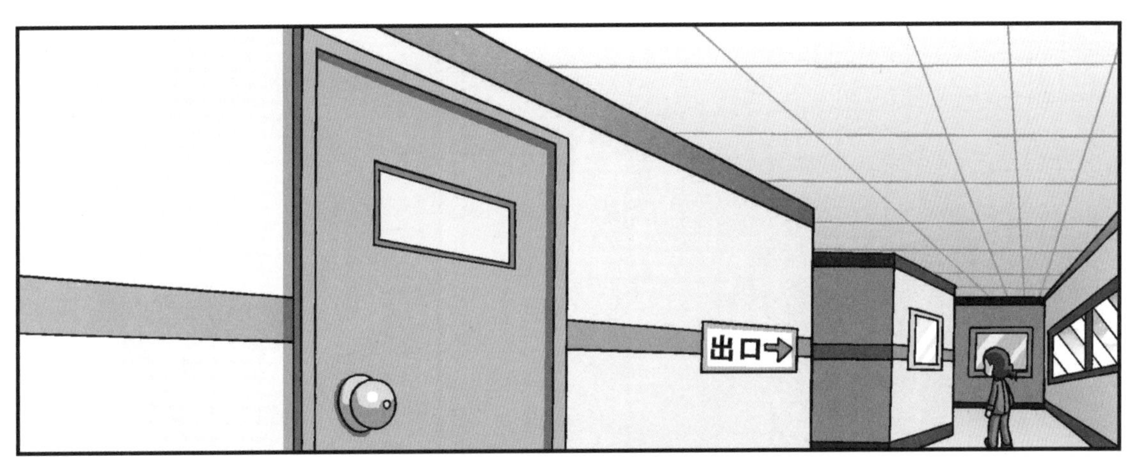
出口

咔啦
出口

叹气……

咔啦啦

江士元！

……
你也被问到
跟我们同样的
问题吗？
没错。

心怡呢？
你有没有看到她？

呃……
摇头
摇头

看来这下子问题严重了，
我看心怡是凶多吉少了。
虽然有柯有学
老师陪着她，
但她一定会感
到不安的……
心怡是怎么得知
今天比赛主题的呢？
你没有听到什么吗？
啊？

你这话是
什么意思？
你该不会也认为
心怡作弊吧？
说不定……
不是，不过便条确实
是在她的实验服中
被发现的……
再加上今天的
实验内容也是心怡
提议的嘛！
我们
……
选择气候
怎么样？

我警告你不要
再乱讲话！
你给我住嘴！
请你不要感情
用事好不好！
我也很想相信她
啊，但现在我们
需要客观的判断！
小宇……

你说够了没有？
冷静一点！
我先走了！
气！

江士元！
连你也不相信
心怡是不是？
停顿

相不相信？
这很重要吗？

即使我们做出
客观的判断，又能
改变些什么呢？
啊？

在比赛中作弊的
行为，已经被转播到
全国各地了！
咚
我们难逃被取消
参赛资格的命运，而且这个
不光彩的记录会永远跟着我
们一辈子！更别说以后可以
参加任何实验比赛！
!!

我们需要做出冷静的判断！
不！一定有办法解决问题的。
我不相信心怡会作弊！
连你自己都不愿意相信了，要怎么解决问题？
事情已成定局了！
我们的实验社完蛋了！

你们给我清醒一点！
该清醒的是谁？
不要浪费时间了。
嗖
嗖
嗖
嗖

呼
呼呼
嗖
啊！
嗖
嗖
咳咳！

你们随时都有可能会遇到风的侵袭。
有时候因为风势太强，可能会让你卷入其中。
但是，有件事你们千万不要忘记。就是……
你们心中的太阳！
嗖
呼呜呜呜

每当在做实验时，我总会感到兴奋不已……
做实验时，我不会想别的，
只会专注于实验。
……
我非常喜欢做实验。
这也就是我加入实验社的原因。
生命是需要珍惜与维护的！
更何况我在做的是真正的实验！
没错！心怡她做实验的目的，并非在于胜负。
这么热爱实验的心怡，是不可能会作弊的！
点头
没错！接下来我们要做的事情就有谱了！

就是相信心怡的清白，找出事情的真相！
这也是为了我们实验社的名誉。
没错！

我们总不能在全国大赛的第一场比赛，就以这种不光彩的身份被取消参赛资格吧？
啊！

全国大赛的第一场比赛？
你得小心这次全国大赛的第一场比赛！
-无法辨识发信者-
该不会！

寻找

我的天啊！
这时候你还有心情看短信啊？

某个神秘人物，
已经暗示过我会发生这种事情了！
咚！
啊？
你得小心这次全国大赛的第一场比赛！

是真的啊！
是谁？到底是谁？我们得找出这个人查明真相！

可是无法辨识发信者啊！
士元，你认为会是谁呢？
看来我得扮演柯南了！

会是谁呢！会传送这种警告讯息的人……这是我离开精英院时收到的短信……

哈哈
后会有期，
江士元。
这是我的。
这里可不
是黎明小学
的实验社哟！
我会拭目以待的，
江士元。
啊，我没事。
呼……
哈哈
你的身体好
一点了吗？
我应该在当初收到
短信时看一下才对！
幸会，江士元。
抓

我们去找
出来吧！
紧握

团结我们大家的
力量去找出来。
好！我会运用
我收集资讯的能力。
点头
叠！

好！我们绝对不能卷入这场风暴中！
因为我们的心中有一颗太阳!
敬请期待 科学实验王 10
书中人物的实验器材操作动作仅作为艺术处理，而非教学示范。规范的实验器材操作请在专业人士指导下完成。

什么是天气？

天气是指某一地区在短期内所呈现的气象现象。

天气会随着地形或海流等各种因素而有所不同，但影响天气变化的最大因素是太阳、空气与水。

太阳

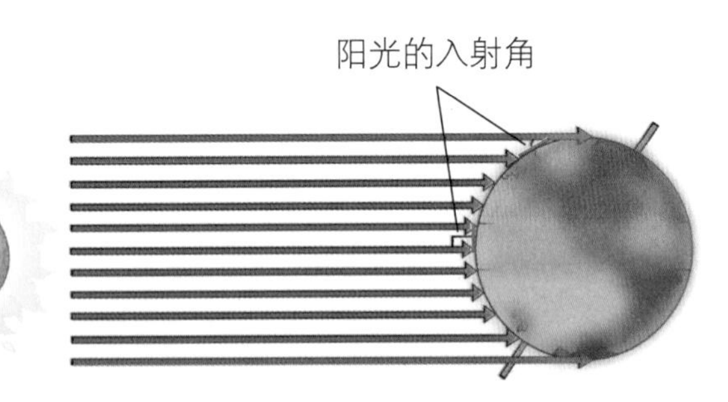

热带地区与极地的阳光入射角度差异

离地球约1.5亿千米的太阳，其表面温度高达6000℃，并散发出光和热。太阳的光和热是最直接影响地球天气的两大因素。包围地球的大气与海洋接收到太阳热能而变热时，便会往各方向移动，制造出风与海流，在此过程中，空气中的水蒸气则会制造出云，再以降雨或降雪等方式回到地表。太阳对气候也会造成很大的影响，地表与阳光的角度呈90度的赤道地区，由于可吸收大量的太阳热能，因而长年炎热；越往极地则阳光的入射角越小，因而南北极地区呈现长年寒冷的气候。

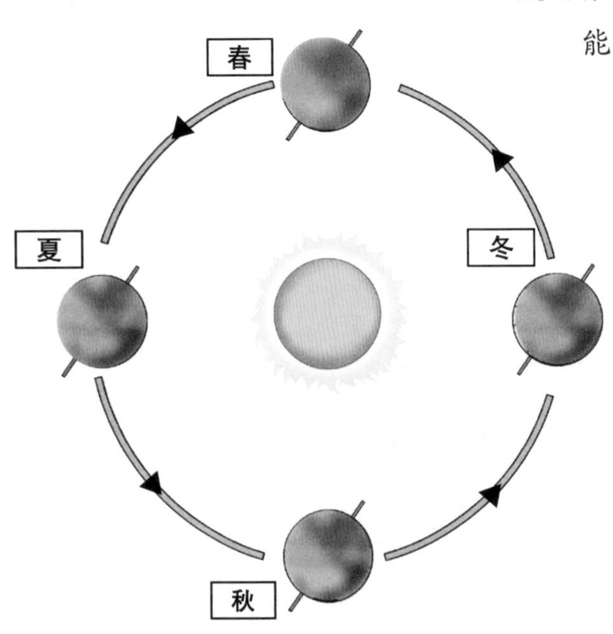

北半球因太阳高度不同产生的季节变化

此外，温带气候之所以会产生春、夏、秋、冬四季，其原因在于地球的自转轴向轨道面倾斜23.5度，地球以这个状态绕着太阳旋转，使每一个季节接收太阳热能的角度与时间也有所不同。

空气

空气受到重力的影响所制造的压力称为大气压或气压，它会随着高度而改变。当温暖的空气沿着上升气流攀升时，它的气压便会比四周低，因而形成低气压；当冷空气随着下降气流下降时，它的气压便会比四周高，因而形成高气压。地面空气由高气压往低气压移动，从而产生风。气压差越大，风的速度也会越快。

气团与锋面 气团是指在地上分布范围达数万平方千米的空气，依所形成的地区，可分为暖气团与冷气团。当两种性质不同的气团相遇时，两个气团与地球之间就会形成一道锋面。

冷锋

主要是指冷气团主动向暖气团推进，并取代暖气团原有位置所形成的锋面。暖空气在上升过程中，大气逐渐冷却，如果暖气团中含有大量的水分，就会形成降雨的天气；如果水分含量较少，便形成多云的天气。

暖锋

暖气团主动向冷气团推进，并取代冷气团原有位置所形成的锋面，称为暖锋。由于暖气团的密度较小，所以会爬升到冷气团的上方，导致大气凝结成云或雨。因为暖锋移动的速度比冷锋慢，因此可能会连续几天降雨或起雾。

锢囚锋

由二条锋面合并而成，速度快的冷锋追赶上速度慢的暖锋时，冷锋与暖锋相叠，便会形成锢囚锋。此后锋面系统将失去威力。

静止锋

有时冷、暖气团实力相当，没有一方有足够的力量使另一方移动，两个气团便会僵持不下，这时形成的锋面便称为静止锋。此后会有一段多雨时期，称为梅雨季节。

水

地球表面的水会借着太阳热能与风每天蒸发，并以水蒸气的形态散布在大气中。大气中的水会随着气温的上升而逐渐升至天空；当气温下降时，这些水汽则在大气中分离，并以水滴形态凝聚。这些水蒸气会凝聚于盐或灰尘等凝结核上，先变成小水滴，进而变成云。云中的水滴逐渐变大，大到空气承受不住的时候，便会降落至地面，此时它会随着气温或大气状态以各种形态呈现。

露 空气中的水蒸气附着在冰冷的草木或其他物体上，凝结成小水滴的现象。

雾 在地表附近生成的一种云，雾中的能见度一般小于1千米。

冰雹 大的水滴突然遇到冷空气结冰后，经碰撞挤压成球形而降落至地面的冰块。

雨 大气中的水蒸气在高处遇到冷空气后，以没有结冰的状态降落至地面。

雪 云中的水蒸气遇到冷空气结冰后，生成的结晶体降落至地面。

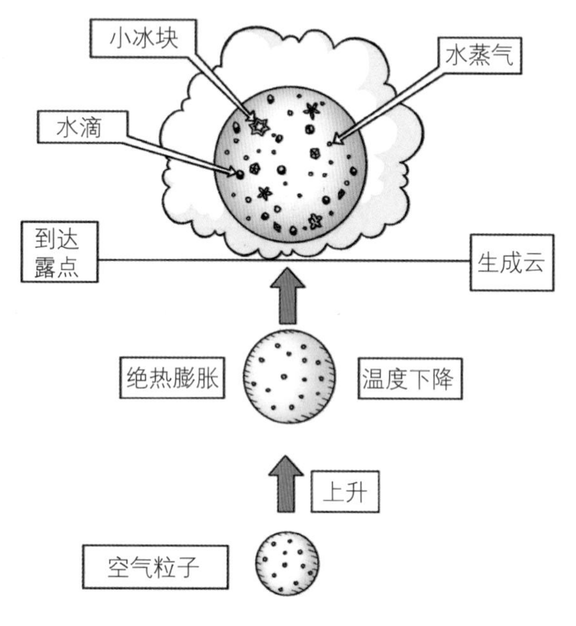

空气的上升与云的生成

什么是气候？

所谓气候，是指整个地球或某一地区一年或一段时期，天气状况的长期平均状态，会根据纬度、海拔高度、地形、洋流等因素而不同。过去气候以数十年至数百年不等的周期缓慢进行变化，然而现在，由于环境污染及二氧化碳排放量增加等人为因素影响，气候变化的速度极为快速。

气候的区分

热带气候　年平均温度高于21℃，最冷时的平均温度维持在18℃以上的气候，年平均气温变化不大。长年处于夏季气候，主要分布于赤道周围。大体来说，年降雨量多，并且区分为热带雨林气候、热带季风气候、热带海洋性气候等。

干燥气候　阳光强烈且因大气中水蒸气含量少而呈现干燥的气候。属于此类气候的地区，多被沙子与干土所覆盖，因而植物非常罕见。主要分布于南、北回归线附近，以及离海洋较远的大陆内部，并区分为沙漠气候与草原气候。

温带气候　气温随四季变化最为明显的气候。温带地区不仅是适合人类居住的地方，也是夏天与冬天的气温差最大的地方。依地形、位置、纬度呈现温带湿润气候、温带大陆性气候、温带海洋性气候及地中海气候。

寒带气候　长年平均温度低于10℃的地区，在树木不会生长的平地常见小草与花朵。此类气候主要呈现于两极地区，在局部的高原地区也可以看到。由于无法从事农耕，因而人口密度非常低，并区分为苔原气候与冰原气候。

高地气候　指高海拔地区的气候，植被依高度呈垂直分布。海拔最高处犹如极地般长年被冰雪覆盖。

图书在版编目（CIP）数据

天气与气候/韩国小熊工作室著；(韩)弘钟贤绘；徐月珠译. 一南昌：二十一世纪出版社集团，2018.11(2025.3重印)
（我的第一本科学漫画书. 科学实验王：升级版；9）
ISBN 978-7-5568-3825-7

Ⅰ.①天… Ⅱ.①韩… ②弘… ③徐… Ⅲ.①天气学－少儿读物 ②气候学－少儿读物 Ⅳ.①P4-49

中国版本图书馆CIP数据核字(2018)第234049号

내일은 실험왕 9 : 날씨의 대결

版权合同登记号：14-2009-116

我的第一本科学漫画书
科学实验王升级版❾天气与气候 [韩]小熊工作室/著 [韩]弘钟贤/绘 徐月珠/译

责任编辑	邹 源
特约编辑	任 凭
排版制作	北京索彼文化传播中心
出版发行	二十一世纪出版社集团（江西省南昌市子安路75号 330025）
	www.21cccc.com（网址） cc21@163.net（邮箱）
出 版 人	刘凯军
经 销	全国各地书店
印 刷	江西千叶彩印有限公司
版 次	2018年11月第1版
印 次	2025年3月第12次印刷
印 数	82001～91000册
开 本	787 mm × 1060 mm 1/16
印 张	12
书 号	ISBN 978-7-5568-3825-7
定 价	35.00元

赣版权登字-04-2018-407

购买本社图书，如有问题请联系我们：扫描封底二维码进入官方服务号。服务电话：010-64462163（工作时间可拨打）；服务邮箱：21sjcbs@21cccc.com 。